上海市哲学社会科学规划课题（2019BGL022）、教育部人文社会科学规划研究基金
（20YJC630033、22YJC630024）、国家自然科学基金（71974128、72134005、
72274121、72272046、71802065）。

食品安全风险

的全流程监管理论与实践

韩广华　著

上海交通大学出版社
SHANGHAI JIAO TONG UNIVERSITY PRESS

内容提要

　　"民以食为天，食以安为先"，食品安全工作一直是我国党和政府重点关注的内容。食品安全信息具有高度的不对称性和隐匿性，食品安全风险治理面临极大挑战。食品作为一种特殊的商品，其生产经营和消费具有跨地区、跨时间和跨产业的特征，任何一个环节的风险危害都会累积到消费者购买的最终食品上。为此，本书从全过程监管的角度出发，探究食品不同生产经营阶段(农产品种植、食品生产加工、食品经营流通)社会共治的策略。

图书在版编目(CIP)数据

　　食品安全风险的全流程监管理论与实践／韩广华著
．—上海：上海交通大学出版社，2023.10
　　ISBN 978－7－313－29577－4

　　Ⅰ．①食… Ⅱ．①韩… Ⅲ．①食品安全－风险管理－
监督管理－研究－中国 Ⅳ．①TS201.6

　　中国国家版本馆 CIP 数据核字(2023)第 192220 号

食品安全风险的全流程监管理论与实践
SHIPIN ANQUAN FENGXIAN DE QUANLIUCHENG JIANGUAN LILUN YU SHIJIAN

著　　者：韩广华
出版发行：上海交通大学出版社　　　　　　　地　　址：上海市番禺路 951 号
邮政编码：200030　　　　　　　　　　　　　电　　话：021－64071208
印　　制：江苏凤凰数码印务有限公司　　　　经　　销：全国新华书店
开　　本：710 mm×1000 mm　 1/16　　　　　印　　张：15
字　　数：221 千字
版　　次：2023 年 10 月第 1 版　　　　　　　印　　次：2023 年 10 月第 1 次印刷
书　　号：ISBN 978－7－313－29577－4
定　　价：78.00 元

前言
FOREWORD

食品安全关系到人民身体健康,习近平同志多次强调"能不能在食品安全上给老百姓一个满意的交代,是对我们执政能力的重大考验",并连续 11 年在不同场合对食品安全工作做出重要指示。2020 年举行的党的十九届五中全会将"统筹发展和安全"确定为我国"十四五"期间经济社会发展的总体指导思想。习近平总书记在全会中特别强调将"提高食品药品等关系人民健康产品和服务的安全保障水平"作为国家第十四个五年规划和二〇三五年远景目标的重要内容①,体现了党和政府对食品安全工作的高度重视。

实际上,食品安全治理的难点不在于"无法可依",而是在于"鞭长莫及"。食品安全信息更具隐蔽性和不对称性,系统化的风险使得行政监管面临执法负荷繁重进而极易导致"政府失灵"。同时,生产者、经营者利益共同体的"共谋"极易导致产业链"自我治理失灵"。食品经营具有平台开放性、供需虚拟性、生产链条长和经营跨时空性等特点,食品安全监管中的资源配置、监管模式、分工体系和工具选择都面临非常严峻的挑战。食品供应链条各个环节都可能存在危害食品安全的因素,如生产环境污染或投入品滥用、储存条件不当、运输不当和烹饪不规范等。过去十余年来我国食品安全事

---

① 中共中央关于制定国民经济和社会发展第十四个五年规划和二〇三五年远景目标的建议,人民日报,2020 年 11 月 4 日。

1

件频繁发生的事实反复证实,行为主体出于经济利益的考虑,选择不规范、不安全的经营行为是食品安全风险的重要成因,如过度使用化学药品、采购不合格原辅料、为延迟变质添加或滥用有害物质以及恶意涂改生产日期等。因此,人源性因素是当前食品安全风险的主要因素,人源性风险的核心影响因素包括组织学习、规制类型、利益相关者的影响和价值取向等。针对食品安全风险的典型特征,开展食品生产和经营的全流程风险管理,成为进一步强化食品安全风险管理的重要趋势。

实现食品安全社会共治的目标在于建立"无缝监管"的运行机制,行政监管面临执法负荷繁重和公共执法资源相对不足的双重约束,需要政府监管、市场化和社会化机制协同发力强化治理。习近平总书记在 2020 年党的十九届五中全会发言中进一步强调要完善共建共治共享的社会治理制度,来增强治理效能。为了清晰地划分治理边界,国内外的经验是国家建立统一的法律法规框架,因此进行跨部门、全链条的食品安全风险管理成为进一步健全食品安全风险管理的重要思路。为此,本专著将用四篇(共 8 章)内容来分析食品安全治理的基本思路。

第一篇将研究农产品生产阶段的质量安全管理。政府工具通常既包含惩罚式工具也包含激励式工具,第一章将探究政府农产品生产的动态抽检策略,第二章进一步研究农产品高质量生产的补贴策略。

第二篇研究将聚焦于食品生产阶段的安全管理。在第三章中探究如何提升从业人员生产安全素养,之后的第四章将探究生产经营从业人员对食品安全风险的"吹哨"机制。

第三篇将重点分析食品流通环节的监管。流通环节量多面广、监管压力大,社会监管成为一种可靠的方式。为此,第五章将探索媒体在食品安全监管中的作用,第六章探索消费者对食品安全监管的参与方式。

第四篇针对食品安全全流程监管过程中形成的实践创新,探究这些实践创新在不同地方政府之间进行扩散的内在逻辑。其中,在第七章将以数字化工具使用为例探究技术创新扩散的路径。最后,在第八章以食品安全企业标准备案制度为例探究制度创新扩散的路径。

在本书撰写过程中借鉴了国内外相关研究文献资料并进行了引用标

注,这些学者的观点为本人撰写本书提供了莫大帮助。限于作者的水平,本书如有不当之处,期待读者批评指正。本书为本人和团队近年来就食品安全治理开展相关研究的简要总结,期待能够为我国食品安全事业提供一些帮助,更期待社会各界共同参与食品安全治理,保障人民群众"舌尖上的安全"。

目录
CONTENTS

第1篇　农产品生产：食品安全监管的行政优化机制

第 2 篇　食品生产加工：食品安全生产的意愿与能力

第 3 篇　食品流通消费：食品安全的社会共同管理

第 4 篇　监管创新推广：政务创新的扩散路径

农产品生产：
食品安全监管的行政优化机制

1

食品生产的动态抽检策略

农产品安全关乎人民健康、经济发展和社会安定。实际上,粮食安全包含了数量的安全和质量的安全两个方面。党的十八大以来,党中央始终把粮食安全作为治国理政的头等大事,提出了基于"谷物自给、口粮安全"的新粮食安全观。2016年以来,中央一号文件多次强调质量兴农。党的十九大上,习近平总书记提出"要确保国家粮食安全,把中国人的饭碗牢牢端在自己手中"。2022年中央一号文件再次强调2022年"三农"工作要牢牢守住保障国家粮食安全和不发生规模性返贫两条底线,推动乡村振兴取得新进展。

除了粮食安全,党中央也特别重视粮食等农产品的质量安全。农产品生产是一个复杂的系统工程,从生产、加工、包装、运输到销售,生产过程各环节的安全状况都可能影响农产品质量安全,例如农户在生产过程中加入禁用农药、销售商违法售卖质量抽检不合格的农产品。此外,频发的农产品质量事件极易让消费者对生产单位能够守法经营丧失信心。但是,随着经济发展与健康观念的转变,民众对于高质量农产品的需求越来越大。我国社会主要矛盾已经转化为人民日益增长的美好生活需要和不平衡不充分发展之间的矛盾。在这个背景之下,提高我国农产品的质量成为提高人民群众生活水平的重要工作内容。

1.1 农产品的高质量发展

近年来,共享农场便是一种农产品高质量发展的新形态。它是以共享

3

经济为理论支撑,以互联网、物联网为技术支撑,以培育农旅为主要特征的"三农"新业态(刘佳佳,2020)。它可以改善买卖双方的信息不对称性,增加消费者体验感、参与感以及信任感,提升社会整体福利(Kaikahe and Racelis,2021;董欢、郑晓冬、方向明,2017;梁亚荣、钟文颢,2019)。在中国乡村振兴的背景下,共享农场作为一种解决"三农问题"的重要举措,日益受到关注。截至 2022 年,仅海南省就已经形成 200 多家共享农场创建试点。但是共享农场毕竟是一个新兴业态,存在许多新暴露出来的问题,例如规划不合理、法律法规待完善与产品安全问题具有风险等。所以,本章研究对共享农场农产品质量的监管如何规范共享农场发展与预防农产品质量安全问题具有重要意义。本章主要关注产品定制型共享农场。它是一种植根于本地,以个人和团购订制的形式,为消费者提供产品认养、直供等定制服务的共享农场(刘佳佳,2020)。产品定制型共享农场存在三个互动主体:一是共享农场,其承诺向消费者提供高质量的农产品;二是消费者,他们是城市中高收入群体,对农产品的质量非常关注,如果农场提供的产品质量低,他们会减少需求;三是政府,其通过抽检对农产品质量进行监管。

共享农场通常以"定制化"的形式出售农产品。定制化意味着农场必须提供差异化的服务以满足消费者多样化、个性化的需求,相应地对政府监管提出了更高的要求。例如广州艾米农场向消费者提供定制化的绿色水果与蔬菜,并承诺可以通过快速网络直接将新鲜产品交付消费者。因此,产品定制型共享农场的运作机理和农产品质量投入过程可以概括为:首先,共享农场向消费者承诺生产高质量的农产品;其次,消费者基于农场的质量承诺以及对承诺的信任程度预订农产品;再次,政府出于对消费者利益的保护,会在农产品成熟后根据一定的抽检率抽样检查农场农产品质量;最后,农场基于消费者的需求与政府的抽检率确定农产品质量投入水平,并在成熟后将其直接交付于消费者;消费者收到农产品后会比较当期农产品实际质量与承诺质量的差异并更新下一周期对农场的信任值与农产品预订量。

一般在现实中,消费者与共享农场的互动是多周期的,即消费者会多次预订农场农产品,并根据农产品质量确定消费忠诚度。所以本章关注农场与消费者之间的多周期交易。消费者总是根据当期实际农产品质量与农场承诺质量之间的差异更新对农产品的信任程度。如果实际农产品质量符合农场的承诺,消费者会更加信任农场;但如果不符合承诺,消费者对农场的信任度会逐渐下降,进而影响农产品需求。基于此,农场在多周期交易中必须同时考虑自己的质量承诺与实际质量投入水平,而政府为了保护消费者利益与社会福利,也必须对自己的抽检策略做动态调整。因为政府监管部门的资源是有限的,而高抽检率预示着高监管成本。为了应对政府监管部门有限的资源与提升社会福利的监管目标之间的矛盾,我们提出本章的研究问题,即在考虑消费者利益与抽检成本的情况下,政府如何对共享农场农产品制定合理且有效的抽检率? 我们将假设在一个多周期交易情形中,消费者根据历史质量信息更新对农场的信任程度与预订需求,政府基于需求与抽检成本确定对农产品的抽检率。此外,考虑到政府与农场处于强与弱的关系,我们建立了政府与农场之间的斯坦伯格博弈模型,也称为领导者—追随者博弈。这是一个动态博弈过程,即追随者的策略选择取决于领导者的策略选择。本章通过博弈模型,研究了政府抽检率的影响因素以及政府抽检率对农场农产品质量决策与社会福利的影响。

1.1.1 农产品质量安全治理的方法

目前学术界对农产品质量安全问题与治理给予了较多关注,已有大量文献讨论了农产品质量安全问题产生的原因与治理方法。农产品市场中的信息不对称现象被广泛地认为是质量安全问题产生的根本原因(王可山 2012,刘亚平和苏娇妮 2019)。Akerlof 首次提出信息不对称导致二手车市场出现"柠檬市场"逆向选择情况(Akerlof 1970)。Nelson 将商品分为搜寻品、经验品和信任品,经验品是在多次重复购买后才能判断质量高低,而信任品无论是在购买前还是购买后都很难判断质量高低(Nelson 1970)。农产品质量安全具有典型的经验品和信任品的双重属性,所以农户很容易发生不道德的生产行为(张利国等 2017)。除此之外,还有一些文献从消费者反馈、社会心理视角、技术应用等方面分析农产品质量安全问题产生的原因(朱立龙和孙淑慧 2019,罗万纯和杜娟娟 2021,刘敏等 2021)。目前学术界对于农产品质量安全治理的研究主要分为市场契约治理和政府监管两种模式。

市场契约治理主要包括农产品生产者、农产品经营者、第三方治理与农产品消费者之间的协调治理与市场调节。郭锦墉和肖剑通过对 189 家农民合作社进行实证分析发现产品交易制度有助于农户参与农产品质量可追溯体系(2022)。张益丰等人通过对山东省 985 家农户进行实证分析发现参与合作社有助于提升农户的农产品质量控制水平(2022)。谭雅蓉等人通过计算实验方法发现加入农产品合作社后,依托合作社与农产品批发商建立的契约关系有助于农户进行安全生产(2020)。徐大佑等人通过对贵州省进行案例分析发现农业品牌化建设对农产品质量安全的积极影响(2020)。Ham 等人通过实证分析发现消费者对食品品牌的态度显著影响企业服务质量(2020)。随着技术的发展,许多新技术也被应用于农产品生产中。研究发现企业采用区块链技术控制生产质量有助于提高消费者对其信任度(Yang 等 2021,Bumblauska 等 2020)。但是由于农产品生产过程中严重的信息不对称现象,单纯的市场治理容易导致市场失灵,亟须引入政府的监管机制。

政府对农产品质量监管的研究主要包括政府对供应链各主体的处罚与激励如何影响农产品质量,即政府对违反监管要求的供应链主体进行强制处罚或对供应链主体进行正向激励,如对相关主体进行补贴。姜明辉和赵磊磊基于演化博弈理论分析发现政府处罚与监管对企业监督员工生产行为,保障农产品质量有积极影响(姜明辉和赵磊磊 2023)。杨松等人基于演化博弈理论发现政府惩罚力度达到某一阈值才能促使供应商和生产商同时进行质量安全投入(杨松等 2019)。柳国华通过分析 2021 年国家市场监管总局发布的抽检信息建议政府从源头管理、专业技术提升、推进快速检测技术实施、加大法治宣传等方面进行监管(柳国华 2022)。程杰贤和郑少锋利用倾向得分法研究发现政府规制有助于降低农户投资成本并促进其对新技术的利用,进而提高农产品质量(程杰贤和郑少锋 2018)。马晓琴等人通过数学模型分析发现政府补贴对农户生产优质农产品具有积极影响并给出了合理补贴值的理论区间(马晓琴等 2019)。李志文等人基于演化博弈理论发现政府补贴政策有助于企业采用区块链技术进行品质溯源与信息披露,进而提升农产品质量(李志文 2023)。苏昕等人利用计划行为理论分析发现政府承诺在消费者由参与意愿转变为参与行为的过程中发挥显著的正向调节作用。农产品供应链中存在严重的信息不对称问题,因此信息在决策过程中具有重要作用(苏昕等 2018)。Bian 等人通过信号博弈的方法研究了政府信息的提供及信息的准确率对农民质量认证决策与利润的影响,并且给出了政府信息产生正向激励的合理取值区间(Bian 等 2022)。王艳萍通过实证分析发现政府牵头建立农产品供应链可溯源性信息机制,有助于增强供应链主体之间的合作共生关系,进而协作提升农产品质量(王艳萍 2018)。

然而,由于可靠信息的获取难度高、政府监管职责划分不清、技术水平受限等因素,农产品质量监管总是出现失效或者触发性监管与激励的现象(何仁碧 2014,胡小曼 2021,胡颖廉 2018)。随着消费者对农产品的质量安全的关注度提升与需求上涨,政府对农产品质量安全监管的精准性与有效性至关重要(姜涛 2019,谢康等 2017)。通过分析既往农产品安全质量治理研究,我们发现两个局限性:一是大部分文献主要集中于通过分析现有数据寻找安全问题并给出监管建议;二是大部分研究虽然考虑到参与主体的信息不对称现象,但一般假定博弈主体是完全理性的,博弈是静态的、一次性的。但实际上,参与主体掌握的信息有限,且随着交易周期的增加,会逐渐调整自己的决策。即使少部分研究利用演化博弈的方法,研究主体仍集中于政府与供应商之间,鲜少关注消费者的信任变化对博弈参与方决策的影响。

1.1.2 农产品质量安全的政府抽检

食品安全监督抽检是国家和各级政府进行食品安全监管的重要手段(毛佳琦等 2022)。2009 年出台的《食品安全法》首次以法律形式确立分段监管体制,由五个部门分别承担不同环节的监督抽检职责。然而由于这种"五龙治水"的监管模式导致监督抽检工作的重复性高(张蓓 2020)。于是 2013 年国务院重新组建国家食品药品监督管理总局,开始组织实施分类抽检制度。所谓分类抽检制度,就是按照食品原料属性和居民消费特征,把食品划分为若干种类,其中农产品就是分类抽检中的一种类型。同时,为了有效监管与激励监管部门履行抽检职责,2016 年国务院办公厅印发《食品安全工作评议考核办法》,提出将"监督抽检合格率"和"监督抽检批次"作为各省(区、市)食品安全工作考核指标。2018 年国务院机构改革重组,将食药监局、质监局和工商局合并组建国家市场监督管理总局。2019 年国务院办公厅印发《地方党政领导干部食品安全责任制规定》,强调食品安全监督抽检工作考核结果将纳入地方政府官员考核绩效标准中。《"十三五"国家食品安全规划》要求 2020 年国家食品安全抽检覆盖量要达到每年 4 份/千人。

目前的研究证明提高抽检强度有助于提高农产品质量。Jin 等人通过建构经营商、生产商与消费者之间的三方博弈模型分析农产品供应链管理,发现政府的抽检强度、农户的风险意识有助于降低食品安全风险(Jin 等2021)。但是在政绩压力与资源局限下,地方政府在履行抽检职责时需要考虑多重因素。例如,李太平等人通过实证分析发现"监督抽检合格率"和"监督抽检批次"这两项政绩考核目标导致地方政府降低抽检率(李太平等2021)。龚强等人发现地方政府为了完成考核目标甚至会与企业合谋,造成监管缺位(龚强等 2015,倪国华等 2019)。在这种背景下,优化抽检策略、提高有效抽检率,对地方政府有效履行抽检职责十分有意义。目前中国对农产品安全监督抽检效率的评估主要采用成本收益法、投入产出法与指标构建法(Zhang 等 2020,张红凤和赵胜利 2020)。Li 等人通过优化政府抽检指标构建来提高抽检效率(Li,2020)。近期也有一些文献开始关注组合抽检策略对抽检效率的影响。Zhou 等人发现提高抽检强度并且进行数据披露有助于提高效率(Zhou 2020)。曹裕等人发现不同的情境下不同的全检、抽检、分批抽检组合策略有助于提高产品质量(曹裕等 2019)。除此之外,关于政府抽检行为的大量文献主要集中于简单地分析抽检数据,从现有数据中提供监管建议,缺乏模型与理论建构、分析深度不足。多位学者通过分析近几年全国抽检数据提供监管建议(周世毅 2019,陶庆会等 2021,毛佳琦等2022,刘欢 2020,Li 等 2020)。还有学者通过分析地区数据提出差异化抽检建议,如分析 2019 年上海农产品抽检数据得出仍需重点关注农兽药残留情况(陈渊和王依婷 2020)。综合上述研究情况,目前关于政府抽检制度的研究一是集中于简单地分析抽检数据;二是集中于分析地方政府在考核与资源压力下,如何提高抽检效率。通过分析农产品的政府抽检策略的相关研究,我们发现既往研究分析深度不足。即使近期有一些文献开始关注何种抽检策略有助于提高抽检效率,满足地方政府的成本与政绩需求,但仍然集中于抽检指标构建与成本收益分析,鲜少关注利益相关主体之间的互动。

共享农场发展前景广阔,提高共享农场农产品质量对于乡村振兴与农业高质量发展意义重大。本章针对政府与共享农场建立斯坦伯格博弈模型,研究消费者的信任程度、农场的质量承诺与质量投入水平对政府抽检率的影响,为政府制定动态抽检方案提供参考建议。本章具有两方面的现实意义,一是有助于提升共享农场市场的农产品质量与共享农场质量承诺的可信度;二是有助于提高政府抽检水平,避免资源浪费、优化政府决策。关于农产品质量安全问题的产生原因与监管的研究已相对比较完善,但是目前的研究仍存在局限性,一是对农产品供应链中信任的作用探讨还相对比较少;二是目前对政府监管的研究更多的集中于一次性、静态的博弈;三是对共享农场农产品监督抽检制度的研究相对比较浅显。基于此,本章根据消费者多周期信任程度更新,针对政府和共享农场建立了斯坦伯格博弈模型,研究了信任程度对共享农场、消费者和政府决策行为的影响以及政府如何确定合理的抽检率保证共享农场农产品质量安全并提升社会整体福利。

1.2 基于农产品质量最优的政府抽检优化设计

本章我们将建立政府与共享农场之间的斯坦伯格博弈模型,分析在单周期博弈中,共享农场的最优质量投入水平与政府的最优抽检率。因为政府在监管农产品质量安全中,具有权威性和主导性,而农场更多是追随者,所以本章建构了政府和共享农场之间的斯坦伯格博弈模型。斯坦伯格博弈模型是一个两阶段的完全信息动态博弈。它也被称为领导者—追随者模型,因为领导者先做出决策,然后追随者根据领导者给出的决策信息进行决策(Halat 和 Hafezalkotob 2019)。因此本章单周期的斯坦伯格博弈模型如图 1-1 所示:

图 1-1 政府监管模型

如图 1-1,政府是农产品抽检的领导者,共享农场是追随者,决策顺序如下:首先由政府根据共享农场的质量承诺和消费者需求制定抽检率,然后共享农场根据政府抽检率确定农产品的生产质量投入。根据动态博弈特点,本章采用逆推归纳法求解,即先求解共享农场的最优质量投入,再求解政府的最优抽检率。本章将首先建构政府和农场之间的单周期斯坦伯格博弈模型的数理表达式,并求解政府最优抽检率和最优质量投入水平。

1.2.1 农场、消费者和政府的收益模型

1.2.1.1 农场的决策函数

共享农场的利润主要与三个因素有关,即市场的需求、生产的成本以及抽检不合格时的罚款。在我们关注的产品定制型共享农场,其市场需求主要来源于城市中高收入群体对有机农产品的预订量。例如无锡田园东方农场,其为了提高市场需求,打造了以水蜜桃种植为特色的农场,致力于做都市年轻人的"梦中桃花源",因此也吸引了大量的年轻人预订该农场的农产品,做到了消费者享受与农场收益的双丰收。但是产品生产投入需要成本,以水蜜桃为例,如果不打农药,水蜜桃在成熟过程中容易产生虫害,但是农场已经承诺了绿色食品。所以对于农场来说,最后选择打不打农药很大程度上取决于生产绿色食品的成本。因此,我们假设一个农产品的单位生产成本为 c,农产品的质量用 q 表示,有大量文献将生产成本确定为农产品质量的二次函数(Cámara 和 Llop 2020),因此本章确定生产成本与农产品质量的关系为:$c = \theta q^2$,其中 θ 是农产品生产成本对质量的敏感系数。共享农场预先承诺农产品质量,如果政府抽检发现实际农产品质量低于承诺质量,主管部门对每单位土地处以 β 罚款。因此综上所述,农场的决策函数表述如公式(1-1)所示:

$$\Pi_F = p\min(D,\ \alpha s\varepsilon) - cs - \gamma(q_F - q)^+ S\beta \qquad (1-1)$$

在农场的利润函数中,第一项表示农场的销售收入,第二项表示农场的成本,第三项表示农场被抽检时面临的处罚,其中 β 为每单位土地的罚款额,q_F 为农场的质量承诺。此外,$(q_F - q)^+$ 表示:若 $q_F \leqslant q$,则 $(q_F - q)^+ = 0$,意思是如果农场生产过程中实际质量投入遵守质量承诺,则政府不会对其进行罚款;而反之,即农场没有遵守质量承诺,生产了劣质农产品,例如水蜜桃生产过程中违背承诺使用了农药,一旦政府抽检过程中发现农场违规使用农药,则会根据实际农产品质量与承诺质量的差异程度对其进行罚款,所以得到 $(q_F - q)^+ = (q_F - q)$。因此,在农场的决策函数中,农场的决策变量为农产品的实际质量投入水平 q。农场的质量决策目标是利润最大化,具体的决策结果取决于政府抽检率等因素的影响。

1.2.1.2 消费者的质量剩余

民众对于农产品的需求受农产品质量与价格的直接影响。即农产品的质量越高,越受消费者的欢迎。反之,农产品价格越高,消费者需求越低。但是随着社会的发展,人们对农产品的质量要求越来越高。截至 2021 年,绿色食品在中国具有 5 000 亿元的市场规模。随着经济发展,大量的中高收入群体愈来愈关注食品质量与消费体验。他们愿意花费更高的价格享受更优质的产品与服务。尤其是本章关注的产品定制型共享农场的消费者,相比价格更关注有机食品的质量。因此,我们可以说在本章中相比价格,消费者对农产品的质量更加敏感。再者,由于共享农场和消费者之间存在信息不对称,所以消费者对共享农场的质量感知主要来源于农场的质量承诺。例如农场承诺生产有机水果并直接送达消费者手中,消费者很大概率就是因为农场的有机食品承诺才定制该农场农产品的。在实际体验农产品之前,消费者对于该农场农产品质量的感知直接来源于农场的产品质量声明。因此结合相关文献(Bos 和 Vermeulen 2020),我们将消费者的市场需求定义为共享农场质量承诺和有机农产品价格的线性函数,如公式(1-2)所示:

$$D = D_0 + \kappa q_F - \lambda p \qquad (1-2)$$

在消费者的需求函数中,D_0 表示消费者的基本需求,κ 是消费者对共享农场质量承诺的敏感性参数,p 表示共享农场有机农产品的预订价格,λ 是消费者对有机农产品预订价格的敏感性参数。如上文所述,我们假设消费者需求与农场的质量承诺正相关,与农产品预订价格负相关。但是因为在共享农场农产品市场中,消费者大多是来自城市的中高收入群体,他们相比价格更关注农场农产品的质量,因此在我们的假设中,消费者质量敏感系数大于价格敏感系数,即 $\kappa > \lambda$,这将作为我们后续分析的一个约束条件。

参考有关文献(Giuranno 和 Scrimitore 2023),消费者剩余的定义为消费者从共享农场购买的有机农产品的质量与从市场购买的农产品的质量的差异。事实上共享农场的消费者剩余为共享农场农产品的实际质量与市场农产品质量的差异,但因为对于消费者预订与政府决策来说,其对农产品的质量感知主要来源于共享农场预先的质量承诺。所以图 1-2 阴影部分表示消费者购买 $\min(D, \alpha s \varepsilon)$ 数量农产品后能够得到的质量剩余。其中,q_0 是消费者不购买时农产品的质量,即令 $D=0$,可以得到 q_0、q_A 与消费者剩余(CS),如下公式所示:

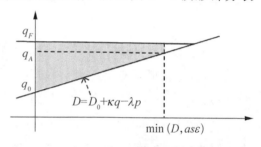

图 1-2　消费者质量剩余

$$q_0 = (\lambda p - D_0)/\kappa$$

$$q_A = \arg_q[(D_0 + \kappa q - \lambda p) = \min(D, as\varepsilon)]$$

$$CS = (1/2)[(q_F - q_A) + (q_F - q_0)]\min(D, as\varepsilon)$$

1.2.1.3　政府的社会福利函数

政府作为社会治理的主体,其决策目标在于社会福利的最大化。所以政府首先要保证共享农场能够维持发展,同时也要保障消费者的利益。如上文所述,共享农场作为一种高质量农业发展新形态,其对于巩固脱贫攻坚成果、促进乡村振兴具有重要意义,而且共享农场作为一种地方农业形态,对于提升本地居民幸福感有显著影响。所以政府规范与维持共享农场的健康发展意义重大。但是由于农产品市场固有的信息不对称性,消费者容易被农场欺骗。而且由于高质量农产品市场具有更大的利润空间,所以农场更容易发生不道德的生产行为,欺骗消费者。如果政府不进行监管,消费者的利益容易受到损害,并减少对共享农场农产品的信任与需求,进而影响到共享农场市场的健康发展。因此政府对共享农场农产品进行抽检对于提升农产品质量,保护消费者利益非常重要,也对规范共享农场市场,促进其健康发展具有重要意义。但是政府监管部门的行政预算与资源有限,并不能只考虑消费者利益而不考虑自身的局限性。因此,政府除考虑共享农场的发展与消费者利益之外还需要考虑抽检的成本。因此结合相关文献(Chemama 等 2019,Zhang 和 Choi 2021),我们确定政府的社会福利函数(U_G)如以下公式所示:

$$U_G = \phi \Pi_F + \varphi CS + \gamma (q_F - q)^+ s\beta - \gamma c_G s$$

在政府的社会福利函数中,第一项为政府对农场的关切,第二项为政府对消费者利益的关切,第三项为如果抽查不合格时的罚款,第四项为抽检的成本(其中,γ 为抽检率,c_G 为每单位的抽检成本,S 为总种植面积)。ϕ 和 φ 的系数为正,分别代表了政府对农场利润和消费者剩余的关心程度。因为政府的资源与注意力是有限的,所以我们确定 $\phi + \varphi = 1$。它将作为分析中的一个约束条件。我们假设社会福利与共享农场的收益、消费者利益与抽检不合格时的罚款正相关,与抽检成本负相关。我们的模型假设与现实经验相符,并且设置了关心程度作为弹性系数。政府的决策变量为抽检率 γ。政府的抽检率将直接影响农场的质量决策,进而影响消费者利益与社会福利。本文使用到的主要符号如表 1-1 所示。

表 1-1 符号释义表

符号	释义
p	农产品预订价
D	农产品的销售量,$D = D_0 + \kappa q_F - \lambda p$。即产品预售量有一个基本的市场销量 D_0,同时又与产品质量口碑 q_F 成正比,与售价 p 成反比,其中 κ 和 λ 是质量敏感系数和价格敏感系数

符　号	释　　义
s	农产品种植土地面积
α	每单位土地的基本产出
ε	农产品的产量波动状况，$\varepsilon \in [m, n]$
c	每单位土地的投入成本，它将决定农产品质量
q_F	农场向消费者承诺的质量
q	农场实际提供的产品质量
γ	政府对农场农产品的抽检率
ϕ	政府对农户的关心系数，$0 < \phi < 1$
φ	政府对消费者的关心系数，$0 < \varphi < 1$，$\phi + \varphi = 1$
c_G	政府单位抽检成本
ϑ_g	信任系数，$0 < \vartheta_g < 1$
ϑ_l	信任系数，$-1 < \vartheta_l < 0$，$|\vartheta_l| > \vartheta_g$
τ	时间常数，$\tau > 0$
n	交易周期，$n \geqslant 1$
T^n	消费者第 n 年对农场的信任程度

1.2.2　政府最优抽检率和农场最优质量投入水平

上一节我们建构了共享农场、消费者与政府的收益模型。本节我们将利用数学优化的方法求解基于农产品质量最优的政府最优抽检率。根据斯坦伯格博弈顺序，政府先确定抽检率，农场根据抽检率来确定生产质量投入水平。所以根据逆推归纳法，我们首先求解共享农场的决策函数，以得到农场的最优质量决策；其次，再求解政府的社会福利函数，以得到政府对农产品的最优抽检率。

1.2.2.1　农场的最优质量投入水平

定理 1. 在抽检率为 γ 时，农场的农产品质量决策为 $q^* = \min(q_F, \beta\gamma/2\theta)$。

证明：

农场的利润函数如下：

$$\Pi_F = p\min(D, \alpha S\varepsilon) - cS - r(q_F - q)^+ S\beta$$

其中，$(q_F - q)^+$ 表示：若 $q_F \leqslant q$，则 $(q_F - q)^+ = 0$；而反之，$(q_F - q)^+ = (q_F - q)$。因此接下来进行分类讨论：

(1) 若 $q \geqslant q_F$，则 $(q_F - q)^+ = 0$，农场的利润函数为：

$$\Pi_F = p\min(D, \alpha S\varepsilon) - \theta q^2 S$$

求 Π_F 关于农场的决策变量产品质量 q 的一阶导数，得：

$$\Pi_F' = -2\theta S q$$

根据条件，可以得出：

$$\Pi_F' < 0$$

所以 Π_F 随着产品质量 q 的增大而减小，所以当 $q^* = q_F$ 时，农场的利润 Π_F 取得最大值。

(2) 若 $q < q_F$，则 $(q_F - q)^+ = (q_F - q)$，农场的利润函数为：

$$\Pi_F = p\min(D, \alpha S\varepsilon) - \theta q^2 S - \gamma(q_F - q)S\beta$$

求 Π_F 关于农场的决策变量产品质量 q 的一阶导数，得：

$$\Pi_F' = -2\theta S q + S\beta\gamma$$

求解 Π_F 关于农场的决策变量产品质量 q 的二阶导数，可以得出：

$$\Pi_F'' = -2\theta S$$

根据条件，可以得出：

$$\Pi_F'' < 0$$

所以农场的利润函数为凸函数，若 $q < q_F$，Π_F 存在最大值。所以当 $q^* = \dfrac{\beta\gamma}{2\theta}$ 时，农场的利润 Π_F 存在最大值。

综合上述，当在抽检率 γ 时，农场的农产品最优质量决策是：

$$q^* = \min\left(q_F, \frac{\beta\gamma}{2\theta}\right)$$

证毕。

通过求解共享农场的决策函数,得到农场的最优质量投入水平如定理 1 所示。定理 1 说明了当抽检率低于阈值($\gamma < 2\theta q_F/\beta$)时,农场生产的农产品实际质量会低于承诺质量;而当抽检率高于阈值($\gamma > 2\theta q_F/\beta$)时,农场会按照承诺质量种植。更进一步,我们还会得出两个结论:首先,政府的监管对于保证农产品质量十分重要。因为农产品是一种经验品,消费者在未收到产品之前并不能确定其实际质量。如果在缺乏监管的情况下,为了高额的利润,农场造假的动机会很大,其农产品实际质量可能会远远小于承诺质量,所以政府的监管是非常必要的。其次,农场更高的质量承诺预示着更高的抽检率,即农场的质量承诺水平越高,社会潜在损失与福利都将越大。例如共享农场预先承诺销售有机农产品,代表着更高的质量与更高的售价。一旦农场没有按照承诺质量生产农产品,则会给消费者带去更大的损失。所以政府作为社会治理的主体,面对农场更高的农产品质量承诺,需要对其施行更高的抽检率。

农产品监督抽检作为政府监管农产品质量的重要手段,其目的是通过有效的抽检率确保农产品质量安全。通过定理 1 的分析,我们发现当抽检率过高时,农产品质量并不会提升。所以如果没有合理地设计抽检率,可能会使得抽检效果适得其反,例如为了保护消费者利益盲目地提高抽检率,实则是一种资源的浪费,反倒降低了社会福利。因此,为了分析政府抽检率的变化对共享农场的农产品质量具体有何影响,本章得到推论 1:

推论 1. $\partial q^*/\partial\gamma \geqslant 0$。

$$\begin{cases} \partial q^*/\partial\gamma = 0, & \gamma > 2\theta q_F/\beta, \\ \partial q^*/\partial\gamma > 0, & \gamma < 2\theta q_F/\beta \end{cases}$$

证明:

根据定理 1,当在抽检率 γ 时,农场的农产品质量决策是:

$$q^* = \min\left(q_F, \frac{\beta\gamma}{2\theta}\right)$$

若抽检率 $\gamma \geqslant \dfrac{2\theta q_F}{\beta}$，$q^* = q_F$，求 $\dfrac{\partial q^*}{\partial \gamma}$，可得：

$$\frac{\partial q^*}{\partial \gamma} = 0$$

若抽检率 $\gamma < \dfrac{2\theta q_F}{\beta}$，$q^* = \dfrac{\beta\gamma}{2\theta}$，求 $\dfrac{\partial q^*}{\partial \gamma}$，可得：

$$\frac{\partial q^*}{\partial \gamma} = \frac{\beta}{2\theta} > 0$$

综合上述，可得：

$$\begin{cases} \dfrac{\partial q^*}{\partial \gamma} = 0 & \gamma \geqslant \dfrac{2\theta q_F}{\beta} \\[3mm] \dfrac{\partial q^*}{\partial \gamma} > 0 & \gamma < \dfrac{2\theta q_F}{\beta} \end{cases}$$

即 $\dfrac{\partial q^*}{\partial \gamma} \geqslant 0$

证毕。

推论 1 说明了当抽检率低于阈值（$\gamma < 2\theta q_F/\beta$）时，随着抽检率的提高，农产品质量随之提高，且越来越接近承诺的质量 q_F；当抽检率高于阈值（$\gamma > 2\theta q_F/\beta$）时，农场会按照承诺的质量种植，但抽检率的提高并不会再引起农产品质量的提高。推论 1 所得结论与我们的假想一致。所以对于政府来讲，其政策只在一定的范围内有效，极高的抽检率并不一定会带来农产品质量的提升。政府对农产品的抽检需要一定的技术与人力成本，如果一味地提高抽检率却并不能带来额外的质量与社会福利提升，实则是一种对资源的浪费。其次我们发现，如果共享农场提高质量承诺，相应地，政府也应该提高抽检率。综上，本推论得出为保证农产品质量，政府有效且最经济的抽检率应在阈值附近，且主要由农场的质量承诺决定。因此，接下来根据逆推归纳法,把农场的质量决策 $q^* = \min(q_F, \beta\gamma/2\theta)$ 代入到政府的社会福利函数中,求解政府的最优抽检率 γ^*。

1.2.2.2 政府的最优抽检率

定理 2. 在农场的农产品质量决策 $q^* = \min(q_F, \beta\gamma/2\theta)$ 中,政府的抽检率决策 $\gamma^* = \min(0,\ 2\theta q_F/\beta,\ (2c_G s\theta - \beta(\varphi\min(D,\ \alpha s\varepsilon) + 2(1-\phi)q_F s\theta)))/(\beta^2(-2+\phi)s))$。

证明:

(1) 当抽检率 $\gamma \geqslant \dfrac{2\theta q_F}{\beta}$ 时,则 $q^* \geqslant q_F$,根据前证可以得出 $q^* = q_F$。

将 q^* 代入农场的利润函数与政府的决策函数可以得到:

$$\Pi_F^* = p\min(D,\ \alpha S\varepsilon) - \theta q_F^2 S$$

$$U_G^* = -\gamma c_G S + \phi\Pi_F^* + \varphi CS$$

求 U_G^* 关于抽检率 γ 一阶导数得:

$$U_G^{*\prime} = -C_G S$$

根据条件,可以得出:

$$U_G^{*\prime} \leqslant 0$$

由一阶导数结果可以得到社会福利 U_G^* 随着抽检率 γ 的增大而减小。所以当 $\gamma^* = \dfrac{2\theta q_F}{\beta}$ 时,社会福利最大。

(2) 当抽检率 $0 \leqslant \gamma < \dfrac{2\theta q_F}{\beta}$ 时,则 $q^* \geqslant q_F$,根据前证可以得出 $q^* = \dfrac{\beta\gamma}{2\theta}$。将 q^* 代入农场的利润函数与政府的决策函数可以得到:

$$\Pi_F^* = p\min(D,\ \alpha S\varepsilon) - \theta\left(\frac{\beta\gamma}{2\theta}\right)^2 S - \gamma\left(q_F - \frac{\beta\gamma}{2\theta}\right)S\beta$$

$$U_G^* = \phi\Pi_F^* + \varphi CS + \gamma\left(q_F - \frac{\beta\gamma}{2\theta}\right)S\beta - \gamma c_G S$$

合并化简得到 U_G^* 关于抽检率 γ 的二次函数：

$$U_G^* = \frac{S\beta^2(\phi-2)}{4\theta}\gamma^2 + (S\beta q_F(1-\phi) - c_G S)\gamma + \phi p\min(D,\,\alpha S\varepsilon)S + \varphi CS$$

求 U_G^* 关于抽检率 γ 一阶导数得：

$$U_G^{*\prime} = \frac{S\beta^2(\phi-2)}{2\theta}\gamma + S\beta q_F(1-\phi) - c_G S$$

令 $U_G^{*\prime} = 0$，取得 U_G^* 的极值，得：

$$\gamma^* = \frac{2\theta S\beta q_F(1-\phi) - 2\theta C_G S}{S\beta^2(2-\phi)}$$

因为抽检率 $0 \leqslant \gamma < \dfrac{2\theta q_F}{\beta}$，所以社会福利在 $\gamma^* = \dfrac{2\theta S\beta q_F(1-\phi) - 2\theta C_G S}{S\beta^2(2-\phi)}$ 或者 $\gamma^* = \dfrac{2\theta q_F}{\beta}$ 或者 $\gamma^* = 0$ 处取得最大值。

综合上述，政府的最优抽检率是：

$$\gamma^* = \min\left(0,\, 2\theta q_F/\beta,\, \frac{2c_G s\theta - \beta(\varphi\min(D,\,\alpha s\varepsilon) + 2(1-\phi)q_F s\theta)}{\beta^2(-2+\phi)s}\right)$$

证毕。

定理2呈现了在三个不同的情境下的政府最优抽检率，表明政府的最优抽检率依赖于许多外生变量。在共享农场市场中，农场的经济效益来自消费者，他们愿意支付比普通市场更高额的费用，以获得更高质量的农产品。共享农场的快速发展凸显了消费者对高质量农产品的需求上涨。然而，农产品是信任品，消费者对质量的判断依赖于农场在销售季节之前进行质量承诺。消费者根据农场质量承诺提前支付高额预订金额。如果农场不按照质量承诺进行生产，消费者将面临比普通市场更大的损失。因此，政府对农产品的抽检有助于识别共享农场的不道德行为，保障消费者的权益。但是政府的行政执行能力是有限的，受到很多因素的制约，包括抽检技术水平、抽检成本等因素。同时，当共享农场做出不同的质量承诺时，政府也应该采取不同的抽检率。所以定理 2 为政府提供了一种抽检农产品质量的战略方法。它告诉我们政府抽检率应该根据不同的情境进行调整,一是为了更好地保证农产品质量安全、消费者利益,二是为了避免资源浪费。为了更清晰地呈现不同条件下的最优抽检率,我们得到表 1-2:

表 1-2 最优抽检率求解情况

条 件	政府的抽检率 γ^* 农场的质量决策 q^*
$\dfrac{2c_G s\theta - \beta(\varphi\min(D,\ \alpha s\varepsilon) + 2(1-\phi)q_F s\theta)}{\beta^2(-2+\phi)s} \leqslant 0$	$\gamma^* = 0$ $q^* = 0$
$\dfrac{2c_G s\theta - \beta(\varphi\min(D,\ \alpha s\varepsilon) + 2(1-\phi)q_F s\theta)}{\beta^2(-2+\phi)s}$ $\geqslant \dfrac{2\theta q_F}{\beta}$	$\gamma^* = \dfrac{2\theta q_F}{\beta}$ $q^* = q_F$
$0 < \dfrac{2c_G s\theta - \beta(\varphi\min(D,\ \alpha s\varepsilon) + 2(1-\phi)q_F s\theta)}{\beta^2(-2+\phi)s}$ $< \dfrac{2\theta q_F}{\beta}$	$\gamma^* = \dfrac{2c_G s\theta - \beta(\varphi\min(D,\ \alpha s\varepsilon) + 2(1-\phi)q_F s\theta)}{\beta^2(-2+\phi)s}$ $q^* = \dfrac{\beta\gamma^*}{2\theta}$

如表 1-2 所示,政府的最优抽检率依赖于许多外生变量,特别是依赖于抽检成本 c_G、单位土地罚款额 β 与农场的质量承诺 q_F 的变化。首先,当抽检成本较高而农场质量承诺较低时,政府不会进行抽检;其次,当抽检成本较低而农场质量承诺较高时,政府如果施行最优抽检策略,则共享农场的实际质量投入会遵守质量承诺;最后,当抽检成本与农场质量承诺值处于中间值时,政府的最优抽检率会随着抽检成本与农场质量承诺的变化而变化,但是政府的抽检并不会保证共享农场一定遵守质量承诺。为了更详细地探讨共享农场质量承诺、抽检成本与罚款额对抽检率的影响,本章下一节将通过推论的形式讨论之。

1.2.3　决策参数对抽检率的影响

上一节我们根据逆推归纳法得出了农场农产品的最优质量投入水平与

政府的最优抽检率。我们发现以农产品质量最优为目标的政府抽检率依赖于许多外界情境的变化。我们区分了三个情境讨论了政府的抽检率决策，发现共享农场质量承诺、罚款额与抽检成本制约政府抽检率的选择。因此我们将在本节详细讨论共享农场质量承诺 q_F、单位土地罚款额 β 与抽检成本 c_G 对抽检率的具体影响，得到推论 2 与推论 3：

推论 2. 农场只有在 $q_F \leqslant (\beta\varphi\min(D, \alpha s\varepsilon) - 2c_G s\theta)/2\beta s\theta$ 时，保持它的承诺质量 q_F。

证明：

根据定理 1，当 $\gamma \geqslant \dfrac{2\theta q_F}{\beta}$，则 $q_F \leqslant \dfrac{\beta\gamma}{2\theta}$ 时，因此共享农场会遵守承诺质量，即

$$q^* = q_F$$

根据定理 2，只有当

$$\frac{2c_G S\theta - \beta(\varphi\min(D, \alpha S\varepsilon) - 2(-1+\phi)q_F S\theta)}{\beta^2(-2+\phi)S} \geqslant \frac{2\theta q_F}{\beta}$$

则抽检率 $\gamma^* \geqslant \dfrac{2\theta q_F}{\beta}$。

因此可以得到：

$$\frac{2c_G S\theta - \beta(\varphi\min(D, \alpha S\varepsilon) - 2(-1+\phi)q_F S\theta)}{\beta^2(-2+\phi)S} \geqslant \frac{2\theta q_F}{\beta}$$

即

$$q_F \leqslant \frac{\beta\varphi\min(D, \alpha S\varepsilon) - 2c_G S\theta}{2\beta S\theta}$$

于是得到只有当

$$q_F \leqslant \frac{\beta\varphi\min(D, \alpha S\varepsilon) - 2c_G S\theta}{2\beta S\theta}$$

农场才会遵守质量承诺，即 $q^* = q_F$。

证毕。

推论 2 说明当抽检不合格时,政府对农场的单位土地罚款额越高,农场更倾向于遵从质量承诺,如图 1-3 所示;同时,推论 2 也说明当政府的抽检成本越高,农场更不容易遵从质量承诺。

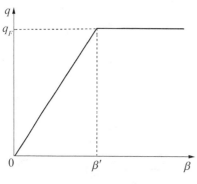

图 1-3　农产品质量投入水平
随罚款额的变化

由此得出,政府在考虑抽检成本的基础上,是否确定合理的罚款额对农场是否遵从质量承诺影响很大。因为农场的利润来源主要是销售收入减去生产成本和罚款,所以农场利润和罚款额负相关。因此当罚款额很高的时候,农场为了获得更高的利润,便会更倾向于遵从质量承诺来生产农产品,以降低抽检不合格面临高额罚款的可能性。

更进一步讲,政府因为行政资源的制约,有时候尽管知道实际抽检率未达到最优抽检策略,但是迫于压力仍然施行次优策略。通过我们的推导发现,如图 1-4 所示,当单位土地罚款额提高时,政府抽检率会越来越低,直到最后变化趋于平缓。所以我们可以得出政府在无法达到最优抽检率的时候,可以通过提高单位罚款额来达到同样的监管效果。所以我们从推论 2 得出两点启示:一是提高罚款力度可以给共享农场以威慑效果,保证其遵守质量承诺;二是当政府无法保证抽检率的时候,提高罚款力度可以帮助其达到监管目标。

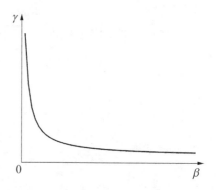

图 1-4　抽检率随罚款额的变化

推论 3.

(1) 在抽检成本 $c_G < \beta(\min(D, \alpha s \varepsilon)\varphi + 2s\theta q_F F - 2s\theta \phi q_F)/2s\theta$ 时,政府抽检率 γ^* 会随着农场承诺质量 q_F 的增大而增大。

（2）当抽检成本 $c_G \geqslant \beta(\min(D, \alpha s\varepsilon)\varphi + 2s\theta q_F - 2s\theta\phi q_F)/2s\theta$ 时，政府不会进行抽检。

证明：

根据定理2，我们可以得到：

（1）当抽检成本

$$c_G \geqslant \beta\Big(q_F - \phi q_F + \frac{\varphi\min(D, \alpha s\varepsilon)}{2S\theta}\Big)$$

则得到：

$$\frac{2c_G s\theta - \beta(\varphi\min(D, \alpha s\varepsilon) + 2(1-\phi)q_F s\theta)}{\beta^2(-2+\phi)s} \leqslant 0$$

$$\gamma^* = 0$$

因此，q_F 与抽检率无关。

（2）当抽检成本

$$c_G < \beta\Big(q_F - \phi q_F + \frac{\varphi\min(D, \alpha s\varepsilon)}{2S\theta}\Big)$$

则得到：

$$\frac{2c_G s\theta - \beta(\varphi\min(D, \alpha s\varepsilon) + 2(1-\phi)q_F s\theta)}{\beta^2(-2+\phi)S} > 0$$

$$\gamma^* = \min\Big\{\frac{2\theta q_F}{\beta}, \frac{2c_G s\theta - \beta(\varphi\min(D, \alpha s\varepsilon) + 2(1-\phi)q_F s\theta)}{\beta^2(-2+\phi)s}\Big\}$$

因为 $0 < \phi < 1$，所以 $\dfrac{2\theta q_F}{\beta}$ 随质量承诺 q_F 的提高而提高，

$\dfrac{2c_G s\theta - \beta(\varphi\min(D, \alpha s\varepsilon) + 2(1-\phi)q_F s\theta)}{\beta^2(-2+\phi)s}$ 也随质量承诺 q_F 的提高而提

高。因此抽检率 γ^* 随质量承诺 q_F 的提高而提高。

综合上述，当抽检成本 $c_G < \beta\Big(q_F - \phi q_F + \dfrac{\varphi\min(D, \alpha s\varepsilon)}{2S\theta}\Big)$，则最优抽

检率 γ^* 随质量承诺 q_F 的提高而提高；当抽检成本 $c_G \geqslant \beta\big(q_F - \phi q_F +$ $\dfrac{\varphi \min(D, \alpha s \varepsilon)}{2S\theta}\big)$，则 $\gamma^* = 0$，即政府不进行抽检。

证毕。

推论 3 说明政府的抽检率受到抽检成本的制约。具体而言,当抽检成本低于阈值时,政府抽检率主要受农场对农产品质量承诺的影响,会随着质量承诺的增大而增大;当抽检成本高于阈值时,政府抽检率主要受抽检成本的制约,会随着抽检成本的增加而降低,乃至于放弃抽检,如图 1-5 所示。

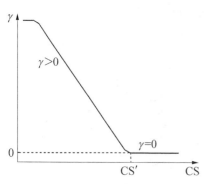

图 1-5 抽检率随抽检成本的变化

政府监管部门的行政预算、技术水平和人力资本在一定范围内都是有限的,所以监管部门在兼顾消费者利益与农场发展的同时,还要考虑行政执行成本(杨君等 2023)。因此为了更有效地保障消费者的利益,政府一要寻找可能的方法以降低抽检成本;二要更加精准地决策,避免资源浪费。这也凸显了本章提出农产品战略性抽检方法的意义。

本部分首先建立了政府与农场之间的斯坦伯格博弈模型,利用数学优化的方法求解得出了单周期交易中共享农场农产品最优质量投入水平与政府的最优抽检率,然后研究了农场质量承诺、抽检成本与抽检不合格时的单位罚款额对政府抽检率的影响。我们得出了三个结论:一是农场的质量投入水平只在一定范围内随抽检率的提升而提升;二是农场质量承诺越高,抽检率应该越高;三是罚款额会正向影响抽检效果,抽检成本会负向影响抽检效果,而且当抽检成本过高时,政府会放弃抽检。但是在现实生活中,农场、消费者与政府之间的互动不是一次性地,所以下一章我们将建立基于消费者信任更新的多周期交易模型,以分析抽检对农产品质量提升的长期效应。

1.3 抽检对农产品质量提升的长期效应分析

我们首先建构了政府与农场的斯坦伯格博弈模型,得出了政府的最优抽检率和农场的最优质量投入水平;其次,我们具体分析了农场质量承诺、抽检成本与罚款力度对抽检率的影响。本章我们将首先建立基于消费者信任值更新的多周期交易模型,期望探讨抽检对农产品质量提升的长期影响。囿于数学优化方法的局限性,本节的后续章节主要通过数据仿真的方法分析消费者、共享农场和政府在多周期交易中的决策行为与收益。我们将详细讨论以下三个问题:① 共享农场是否遵守质量承诺对消费者信任值与需求的影响;② 共享农场不同质量承诺对政府、消费者和农场决策行为与收益的影响;③ 政府不同的抽检率对农场利润、消费者剩余和政府社会福利的影响。

1.3.1 多周期的信任更新模型

前文建立了政府与农场的斯坦伯格博弈模型并得出政府的最优抽检率和农场的最优农产品质量投入水平。此外,我们还探讨了政府抽检成本、抽检不合格时的罚款额以及农场质量承诺对政府抽检率的影响。但是,前文仅是一次性博弈,现实中更多的是消费者和共享农场之间在多次交易过程中不断地调整自己的决策。因此我们在模型中加入交易周期 n 和消费者对农场的信任值 T,建立了基于消费者信任更新的多周期博弈模型,具体过程如图 1-6 所示:

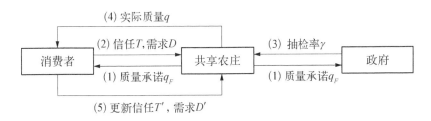

图 1-6 多周期博弈模型

图 1-6 展示了多周期信任更新模型互动过程。利益相关体的决策顺序如下：首先，消费者基于对农场的信任和农场的质量承诺确定需求；其次，政府确定对农产品的抽检率；最后，农场确定其实际生产质量并投入生产。因为农产品是经验品，所以消费者在收到预订的产品之后会评估农产品的实际质量并将其与农场的承诺质量做比较。如果农产品的质量并没有达到农场预先的质量承诺，消费者会降低对该共享农场的信任，进而降低下一阶段对该共享农场农产品的需求。因此，在多周期的信任更新模型中，农场为了获得更高的利润，必须在每一阶段都考虑农产品质量承诺水平和实际质量投入水平。

基于多周期信任更新模型的互动过程，我们建立了多周期模型的数理表达如下。首先，消费者根据现时期的农产品质量是否满足农场质量承诺来更新下一周期的信任值。根据相关文献（Fu 等 2021），我们建立判断函数公式以更新消费者对农场的信任值：

$$\Delta^n = \begin{cases} \vartheta_g e^{-\tau n}, & q_F^n \leqslant q \\ \vartheta_l e^{-\tau n}, & q_F^n > q \end{cases},$$

在判断函数中，ϑ_g 与 ϑ_l 是信任系数。ϑ_g 表示当农产品质量符合农场预先质量承诺时，消费者对农场信任值增加的情形，所以 ϑ_g 为正，即 $0 < \vartheta_g < 1$；同理，ϑ_l 表示当农产品质量没有达到农场预先承诺的质量，消费者对农场失去信任的情形，所以 ϑ_l 为负，即 $-1 < \vartheta_l < 0$。并且我们设定 $\vartheta_g < |\vartheta_l|$，意味着当农产品质量好时，农场会累积消费者的口碑，而当农产品质量不达标时，会迅速失去消费者对农场的信任。τ 是一个时间常数，表示信任增减系数的衰减率，$\tau > 0$。τ 越大，信任系数衰减速度越快。在实际消费中，随着消费次数的增加，消费者对农场的信任根据历史经验趋于稳定，因此我们假设随着消费频率的增加，信任的增减系数逐渐减小，趋于稳定。消费者基于对农场现时期的信任值 T^n，根据判断函数来确定下一时期对农场的信任值 T^{n+1}。我们设定消费者对农场的信任更新函数如下公式所示：

$$T^{n+1} = \begin{cases} T^n + \Delta^n(1 - T^n), & q_F^n \leqslant q \\ T^n + \Delta^n T^n, & q_F^n > q \end{cases},$$

在信任更新函数中,T^n 表示第 n 期消费者对农场的信任值,T^{n+1} 表示第 $n+1$ 期消费者对农场的信任值。$1-T^n$ 表示,当第 n 个周期农产品质量符合农场质量承诺时,消费者对农场信任增加范围。T^n 表示,当第 n 个周期农产品质量未达到质量承诺时,消费者对农场的信任减少范围。消费者在首次预订农产品时,对农场有一个初始信任值 T。 未来的交易周期中,消费者将根据农产品质量是否符合农场的质量承诺,基于信任更新函数来更新对农场的信任值。

定理 3. 当 $T^n \in (0,1)$,则 $T^{n+1} \in (0,1)$,即消费者对农场的信任值不会超过极限。

证明:

首先,证明 T^{n+1} 不会超过 1 如下。

因为 $0 < \vartheta_g < 1$,当 $n > 1$,并且 n 为正整数,并且时间常数 $\tau > 0$,所以得到:

$$e^{-\tau n} \leqslant 1$$

因此

$$0 < \vartheta_g e^{-\tau n} \leqslant 1$$

因此 T^{n+1} 不超过 1。

接下来,证明 T^{n+1} 不小于 0 如下。

因为 $-1 < \vartheta_l < 0$,当 $n > 1$,并且 n 为正整数,并且时间常数 $\tau > 0$,所以得到:

$$e^{-\tau n} \leqslant 1$$

因此

$$-1 < \vartheta_l e^{-\tau n} \leqslant 0$$

因此 T^{n+1} 不小于 0。

综合上述,当 $T^n \in (0,1)$,则 $T^{n+1} \in (0,1)$。

证毕。

根据定理 3,我们确定了消费者对农场信任值的取值范围,其中 0 表示消费者完全不信任共享农场,1 表示消费者完全信任农场。消费者对于农场的信任程度变化是一个连续过程,如果农场遵守质量承诺,消费者对其信任值会上升,但是消费者对农场的信任值最高也不会高于 1,即消费者对农场的信任程度最高也不会到达完全信任的程度。如果农场不遵守质量承诺,消费者对其信任值下降,而且信任值的下降速度更快,但是信任值最低也不会低于 0,即消费者最多完全不信任农场。定理 3 将作为我们后续数据仿真的一个约束条件。

$$D^{n+1} = D_0 + T^n \kappa q_F^{n+1} - \lambda p \qquad (1-3)$$

$$\Pi_F = p \min(D^{n+1},\ \alpha s \varepsilon) - cs - \gamma^{n+1}(q_F^{n+1} - q^{n+1})^+ s\beta \qquad (1-4)$$

$$U_G = \phi \Pi_F + \varphi CS + \gamma^{n+1}(q_F^{n+1} - q^{n+1})^+ s\beta - \gamma_G s \qquad (1-5)$$

因此,根据上文,消费者的需求函数、农场和政府决策函数在多周期信任更新模型中可以改写成如公式(1-3)、(1-4)与(1-5)所示。在多周期决策函数中,农场在 $n+1$ 阶段的决策变为农场质量投入水平 q^{n+1} 和农场质量承诺 q_F^{n+1}。政府的决策顺序还是按照图 1-1 所示的步骤来决策,即在多周期信任更新模型中,农场首先做出质量承诺,消费者根据现期的信任值来确定预订需求,然后政府确定抽检率,最后农场确定农产品实际质量投入水平,消费者收到农产品之后再根据现期农产品质量决定下一周期的需求。因为数学优化的方法无法直接求解农场的最优质量投入水平和政府的最优抽检率,所以我们将在本章后续部分通过数据仿真详细讨论多周期信任模型中农场、消费者和政府的决策行为与具体收益。

1.3.2 抽检对农产品质量影响的灵敏度检验

1.3.2.1 仿真实验的参数设计

为了更清晰地研究多周期信任模型对共享农场农产品供应链的影响,我们将设置一系列参数来分析消费者信任值的变化以及信任值的变化对利益相关者的决策与利润的影响。数据仿真的参数数值设置依赖于参数的约束条件。其中,因为农场在多周期模型中,需要同时决策农场质量投入水平与质量承诺,为了分析的方便性,将农场农产品质量承诺设置为农场承诺绿色产品或不承诺绿色产品,即 $q_F^{n+1} = q_G$,或 $q_F^{n+1} = 0$。 基本参数设置如表 1-3 所示:

表 1-3　仿真基本参数设置

相关系数	θ	D_0	S	λ	p	n	ϑ_g	ϑ_l
值	0.3	50	50	0.3	30	50	0.2	-0.4

为了设置一个合理的时间常数 τ,即信任增减系数的衰减率,我们假设农场承诺绿色产品 $q_G = 5$。 此外,我们取农场的质量投入水平 $q = 7$ 表示在多周期交易中农场遵守质量承诺,消费者对农场信任值递增的情况;农场的质量投入水平 $q = 3$ 表示农场不遵守质量承诺,消费者对农场信任值递减的情况;并取时间常数 $\tau = [0.1, 0.4]$,交易周期 $n = 50$ 进行模拟,结果如图 1-7 所示:

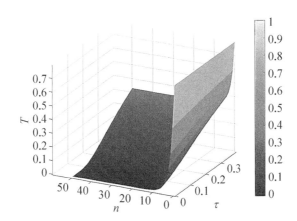

图 1-7　时间常数与信任值之间的关系 $(q \geqslant q_G)$

从图 1-7 可以看出,当时间常数 $\tau = 0.05$,交易周期 $n > 35$ 时,消费者对农场的信任值逐渐趋于稳定。如图 1-7 所示,当农场农产品质量投入水平低于质量承诺时,消费者信任值随交易周期的增加而不断减小。当交易

周期 $n > 35$，时间常数 $\tau = 0.05$ 时，消费者对农场的信任值减至最低并趋向稳定。

如图 1-8，当农场农产品质量投入水平高于质量承诺时，消费者信任值随交易周期的增加不断增高。当交易周期 $n > 35$，时间常数 $\tau = 0.05$ 时，消费者对农场的信任值增至最高并趋向稳定。综上，我们设定时间常数 $\tau = 0.05$，交易周期 $n = 50$ 进行数据仿真。

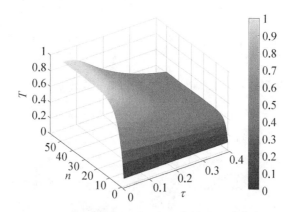

图 1-8　时间常数与信任值之间的关系（$q < q_G$）

接下来，对质量敏感参数 κ 进行敏感性分析。我们设定 κ 的取值集合为 $K = \{1, 2, 3, 4\}$，农场的质量投入水平 $q = 3$，即表示消费者对农场信任值递减的情况，其他参数与上述相同。我们研究了在不同质量敏感性系数下政府抽检率、农场质量投入水平、消费者预订需求与农场利润随交易周期增加的变化趋势，经过仿真我们得到结果如图 1-9 所示。

从图 1-9 可以看出，在多周期的信任更新模型中，我们改变模型的参数，并不会改变消费者、共享农场和政府决策行为的演化趋势。在我们假定的消费者信任度随交易周期增加而递减的情形中，无论质量敏感性参数取值多少，消费者需求、政府抽检率与农场质量投入水平都随交易周期增加而递减，并在 35 个交易周期之后基本稳定的趋势保持不变。同时基于数据仿真，我们也可以直接得出农场的利润水平与变化趋势。因此，我们有理由相信本章信任更新模型设计与参数设置的合理性。所以，基于本节实验设计，本节剩余部分将详细讨论消费者、共享农场和政府在多周期信任更新模型中的决策行为与收益。

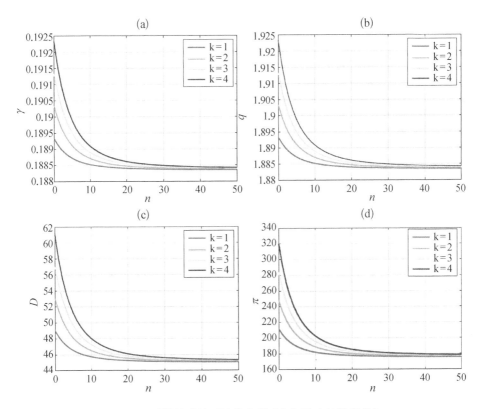

**图 1 - 9　质量敏感性对消费者需求(a)、政府抽检率(b)、
农场质量投入(c)和利润(d)的影响**

1.3.2.2　不同农产品质量对消费者信任值和需求的影响

在多周期交易情形中,消费者收到现期预订的农产品后,会将农产品的质量与农场的质量承诺进行比较。根据模型假设,如果农场遵守质量承诺,消费者对其信任值上升;但如果农场不遵守质量承诺,消费者会降低对农场的信任。为了研究在农场遵守或不遵守农产品质量承诺的情形中,消费者对农场信任值的变化趋势以及消费者需求的变化趋势,我们进行数据仿真。仿真基本参数设置与前文保持一致,其他参数如表 1 - 4:

表 1－4　消费者信任值与需求变化参数设置

相关系数	τ	c_G	ϕ	φ	β	k	q_G
值	0.05	1	0.6	0.4	30	5	1

　　根据上下文,我们将消费者对农场的初始信任值设置为 $T0=0.8$。 我们再设定农场遵守质量承诺时的质量投入水平为 2,质量承诺为 1;农场不遵守质量承诺的质量投入水平为 0.5,质量承诺为 1。因此我们可以得到在多周期交易情形中,农场遵守或不遵守质量承诺时消费者对农场信任值与需求变化如图 1－10 所示:当农场遵守农产品质量承诺时,即 $q \geqslant q_F$ 时,消费者对农场的信任值随交易周期的增加而增大。并且当交易周期大于 35 时,消费者对农场的信任接近最大值 1,并趋于稳定。当农场不遵守农产品

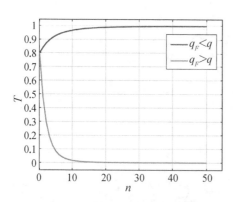

图 1－10　农场遵守质量承诺情况对消费者信任值的影响

质量承诺时,即 $q < q_F$ 时,消费者对农场的信任值随交易周期的增加而减小。并且当交易周期大于 35 时,消费者对农场的信任接近最小值 0,并趋于稳定。农场遵守与不遵守质量承诺比较而言,不遵守质量承诺,消费者对农场的信任值下降速度更快。图 1－10 说明,农场遵守质量承诺会累积口碑,消费者对其质量水平越来越信任,并随着交易周期的增加,信任度趋于稳定;但农场不遵守质量承诺会迅速失去消费者的信任,并随着交易周期的增加,信任度降至最小值并保持稳定。

　　如图 1－11 所示,与信任值变化同理,当农场遵守农产品质量承诺,消费者对农产品的需求上升,并在交易周期 n 大于 35 时趋于稳定;当农场不遵守农产品质量承诺时,消费者对农产品的需求下降,并在交易周期 n 大于 35 时趋于稳定。比较而言,虽然农场遵守或不遵守质量承诺,交易初期消费者需求相同,但是随着交易周期的增加,不遵守质量承诺对消费者需求的

影响更大,即不遵守质量承诺,农场消费者需求会迅速减少至更低数量。

综上所述,如果农场不遵守质量承诺,消费者会迅速降低对农场的信任,并随着交易周期的增加而降至最低信任水平并保持不变。同时,农场不遵守质量承诺,消费者会因为信任值的降低而减少对农场农产品的需求,并随着交易周期的增加逐渐趋向于最低需求量并保持不变。同理,农

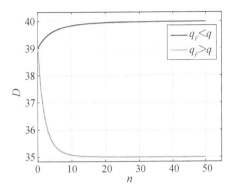

图 1-11 农场遵守质量承诺情况对农产品需求的影响

场遵守质量承诺,消费者对农场的信任值会升高,进而消费者对农产品的需求也会增大。但是长期比较而言,农场不遵守质量承诺对自身口碑与预订需求的影响更大。

1.3.2.3 不同质量承诺对利益相关者决策行为与收益的影响

在多周期交易中,农场的质量承诺将直接影响政府的抽检率和消费者对农产品的预订量。本节我们进行数据仿真,一是为了研究不同的农场质量承诺对利益相关者决策行为,即政府抽检率、农场质量投入水平以及消费者对农产品的预订需求的影响;二是为了研究不同的质量承诺对利益相关者的收益,即农场的利润、消费者的质量剩余和政府的社会福利的影响。仿真基本参数与上文保持一致,其他参数设置如下表(表 1-5):

表 1-5 质量承诺的影响参数设置

相关系数	τ	c_G	ϕ	φ	β	k
值	0.05	1	0.6	0.4	30	5

根据上下文,我们将消费者对农场的初始信任值设置为 $T0 = 0.8$,农场质量承诺取值集合为 $Q = \{0.2, 1, 3, 5\}$。首先我们仿真得到在多周期交易情形中,不同农场质量承诺对利益相关者的决策,即政府抽检

率、农场质量投入水平以及消费者对农产品的预订需求的影响如图 1 - 12 所示：

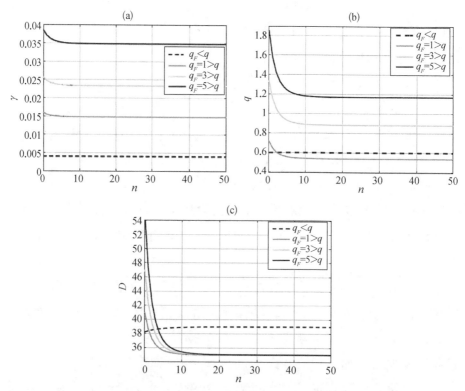

图 1 - 12　质量承诺对抽检率(a)、质量投入(b)和消费者需求(c)的变化

如图 1 - 12 所示，当质量承诺很低时，农场会遵守质量承诺，彼时政府抽检率保持一个较低水平不变。同时，消费者对农产品的需求较低，但由于农场遵守承诺，消费者对其信任值随着交易周期的增加而增大，所以预订需求也会相应地上升。因此图 1 - 12(c)显示了当农场遵守质量承诺时，消费者需求随着交易周期的增加而上升并逐渐趋向于平缓。

当质量承诺水平增大时，政府抽检率会增大，彼时农场便不会遵守质量承诺，即质量投入水平低于农场质量承诺水平。当农场不遵守质量承诺时，随着交易周期的增加，政府抽检率、农场质量投入水平与消费者需求先下降，后趋于平缓。在农场不遵守质量承诺，且质量承诺不同的情形中，质量承诺越高，政府抽检率越高，且交易周期并不会影响这个趋势；对于农产品质量投入水平来讲,质量承诺越高,质量投入越高,但质量承诺较低时,随着交易周期的增加,投入水平甚至会低于最低的质量承诺水平;对于消费者需求来讲,质量承诺越高,消费者初始需求越高,但随着交易周期的增加,消费者需求会降低并趋于一致。而且即使农场不遵守质量承诺时消费者的初始需求很高,但随着交易周期的增加,消费者需求会减少乃至于低于更低的质量承诺水平时的消费者需求。

综合来讲,共享农场更高的质量承诺预示着更高的抽检率与质量投入水平,但是消费者需求大小更受农场是否遵守承诺的影响,即农场一旦不遵守承诺,消费者会迅速降低对该农场农产品的需求。更进一步,为了研究不同质量承诺对利益相关者收益,即农场利润、消费者剩余以及政府社会福利的影响,我们进行数据仿真如图 1-12、图 1-13 与图 1-14 所示,参数设置与上文保持一致。

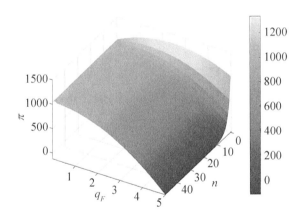

图 1-13 多周期交易中,农场利润随质量承诺的变化

图 1-13 显示了农场质量承诺在[0,5]之间变化时,随着交易周期的增加,农场利润的变化趋势。如图 1-14 所示,当质量承诺较低时,农场利润会随着交易周期的增加逐渐增大,且最后保持在一个较高水平不变;当农场做出较高的质量承诺时,农场便不会遵守自身所做的承诺,彼时农场利润随着交易周期的增加而迅速减少并且最终保持在一个极低水平不变。此外,我们还发现,农场质量承诺越高,初始利润越高,但随着交易周期的增加会迅速降低且最终利润更低并保持最低水平不变。

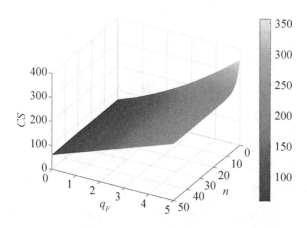

图 1-14 多周期交易中,消费者剩余随质量承诺的变化

如图 1-14 所示,当质量承诺水平较低时,消费者剩余较低,但会随着交易周期的增加逐渐增大,最终保持不变,我们可以得出此时农场遵守质量承诺;当农场质量承诺水平较高时,此时消费者剩余随交易周期的增加而减小,最终变化趋于平稳,我们得出此时农场未遵守承诺;此外,我们发现农场质量承诺水平越高,消费者剩余越高。虽然随着交易周期的增加消费者剩余会减小,但不会影响消费者剩余整体增大的趋势。

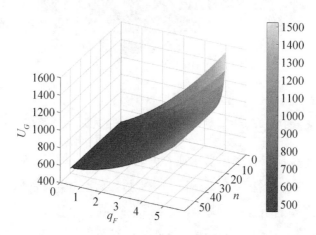

图 1-15 多周期交易中,政府社会福利随质量承诺的变化

如图 1-15 所示,当质量承诺水平较低时,政府社会福利较低,但会随着交易周期的增加逐渐增大,最终保持不变;当农场质量承诺水平较高时,此时政府社会福利随交易周期的增加而减小;然而,农场质量承诺水平越高,政府社会福利越高。类似于消费者剩余的变化趋势,虽然当农场质量承诺水平越来越高时,随着交易周期的增加社会福利会减小,但不会影响社会福利整体增大的趋势。

综合上述,如果农场做出质量承诺但不能遵守,农场利润会因为交易次数的增多不断下降并保持在一个较低水平,而且农场质量承诺水平越高,最终利润越低。但是,我们同时发现农场做出更高的质量承诺有助于提升消费者剩余与政府社会福利,且交易行为的重复不会影响这种趋势。因此,提升整体社会福利的重点在于如何促使农场做出更高的质量承诺。

1.3.2.4　不同抽检率对利益相关者收益的影响

政府抽检是监管农产品质量的重要方式。在多周期交易情形中,政府的抽检率亦会随着农产品质量承诺水平与消费者需求的变化而变化。同时,抽检率也会影响农场的质量投入水平,进而影响农场下一周期的质量承诺与订单数量。本节,我们将研究不同的抽检率对农场利润、消费者剩余与政府社会福利的影响。仿真基本参数与上文保持一致,其他参数如表1-6:

表1-6　抽检率与收益变化参数设置

相关系数	τ	c_G	ϕ	φ	β	k	q_G
值	0.05	1	0.6	0.4	30	5	5

根据上下文,我们将消费者对农场的初始信任值设置为 $T0=0.8$。政府抽检率取值为[0,1],其中0表示政府不进行抽检,1表示政府对共享农场农产品进行100%抽检。我们进行仿真得到在多周期交易情形中,不同政府抽检率对农场利润、消费者剩余与政府社会福利的影响如图1-16所示。

如图1-16(a)所示,当抽检率较低,即抽检率低于章节3.2.1所得阈值时,农场不会遵守质量承诺,我们可以发现虽然交易初期农场利润很高,但会随着交易周期的增加逐渐降低且最后保持在一个极低值;当抽检率较高时,农场便会遵守质量承诺,此时我们可以发现交易初期农场利润较高,且随着交易周期的增加逐渐上升且最后保持在一个更高值。

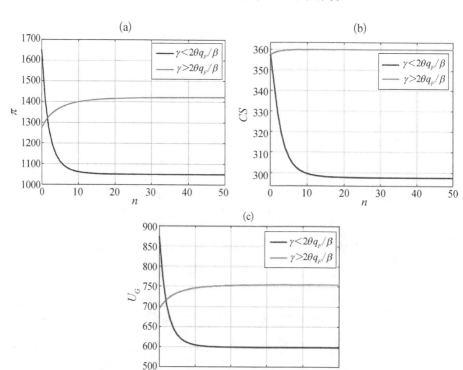

图1-16 抽检率对农场利润(a)、消费者剩余(b)、政府社会福利(c)的影响

如图1-16(b)所示,当抽检率较低,农场不会遵守质量承诺,我们发现虽然交易初期消费者剩余较高,但会随着交易周期的增加逐渐降低且最后保持在一个极低值;当抽检率较高时,农场便会遵守质量承诺,此时我们发现交易初期消费者剩余与农场不遵守质量承诺时的消费者剩余相等,但随着交易周期的增加逐渐增加,且最后保持在一个更高的消费者剩余水平。

如图1-16(c)所示,当抽检率较低,农场不会遵守质量承诺,我们发现虽然交易初期政府社会福利非常高,但会随着交易周期的增加逐渐降低且最后保持在一个极低值;当抽检率较高时,农场便会遵守质量承诺,此时我们发现交易初期政府社会福利虽然小于抽检率较低时的社会福利,但随着交易周期的增加逐渐增大,且最后保持在一个更高的社会福利水平。

综合来讲,虽然短期来看,政府不抽检并不会对农场利润、消费者剩余与社会福利产生非常大的消极影响;但是长期来看,政府如果不抽检或者抽检率较低,会严重影响农场与消费者的长期收益并降低社会整体福利。所以从长远利益出发,一个促使共享农场遵守农产品质量承诺的政府抽检率对保护消费者利益和提升社会整体福利至关重要。

总之,我们首先建立了基于消费者信任更新的多周期交易模型,但由于数学优化方法的局限性,我们采用数据仿真的方法探讨抽检率对农产品质量的长期效应。在仿真之前我们首先进行了实验设计,并通过灵敏性分析验证了仿真参数设置的合理性。其次,我们通过数据仿真的方法详细讨论了多周期信任更新模型中的三个问题:第一是农场是否遵守质量承诺对消费者信任值与需求的影响;第二是农场质量承诺水平对农场、消费者与政府的决策行为和收益的影响;第三是政府抽检率对农场利润、消费者剩余与政府社会福利的影响。通过分析,我们发现三个结论:一是随着交易次数的增多,如果农场不遵守质量承诺会更明显地降低消费者对其信任程度以及对农产品的需求;二是如果农场不会遵守质量承诺却依旧向消费者承诺更高的质量,随着交易次数的增多,订单量与利润的损失将更大,但是,农场更高的质量承诺水平会提升消费者剩余与社会整体福利;三是随着交易次数的增多,一个促使农场遵守质量承诺的抽检率对保持较高水平的农场利润、消费者剩余与社会整体福利至关重要。因此在长期交易中,政府如何促使农场对农产品做出更高的质量承诺且保证农场遵守承诺是提高社会整体福利的关键问题。

1.4 政府农产品抽检的管理启示

本章分别建立并分析了单周期的斯坦伯格博弈与基于消费者信任更新的多周期交易模型,研究了政府在考虑消费者利益与抽检成本的情况下,如何制定合理且有效的共享农场农产品抽检率。我们利用数学优化与数据仿真的方法具体分析了抽检率的影响因素以及抽检率对农场质量决策的影响。经过模型构建求解与数据仿真,我们主要得到以下三条结论:

第一,政府提高抽检率有助于降低共享农场的质量投机行为。在政府不加规范的情况下,农场会欺骗消费者,生产劣质农产品,而政府有效的抽检率可以提高农产品质量。当政府监管力度很弱,即抽检率很小的时候,农场为了追求利润最大化,会使得农产品质量远远低于市场承诺的农产品质量,进而使得消费者利益受损。特别对于本章的研究对象产品——定制型共享农场的绿色有机农产品来说,其代表着高质量与高售价,农场投机的动机也会更加强烈。所以为了保证农产品质量,政府应该对农产品质量安全制定合理的监管力度与抽检策略。本章发现,当政府的抽检力度达到一定值时,农场会遵循市场质量承诺,使实际农产品的质量与承诺的产品质量一致,进而使得消费者的利益最大化。总之,政府加强对农产品的监管力度、提高抽检率,可以有效降低农场的质量投机行为。

第二,政府抽检效果受到抽检成本与处罚力度的影响。政府抽检效果受到农场抽检成本的负向影响,受到单位罚款额的正向影响。抽检成本是制约政府抽检率的重要因素。政府作为社会治理的主体,其目标是实现社会福利最大化,保障消费者的利益,但是囿于政府监管部门职责以及监管成本的局限性,其往往并不能制定最优抽检率。我们的研究发现,政府抽检率会随着抽检成本的上升而下降,甚至当抽检成本过高时,政府会放弃抽检。其次,政府抽检效果随着处罚力度的加强而上升。当处罚力度很大的时候,一旦抽检发现问题,农场便面临着高额的罚款,所以农场为了整体利润着想,便会更倾向于生产高质量的农产品,从而降低抽检不合格面临高额罚款的可能性。所以,如果政府抽检率并不能达到最优,某种程度上可以通过提高不合格产品的罚款额来达到监管目标。

第三,提高共享农场的质量承诺水平有助于提高社会整体福利。共享农场更高的质量承诺会提升消费者利益和社会整体福利,而且一个促使农场遵守质量承诺的抽检率对保持较高水平的社会整体福利至关重要。通过分析多周期交易情形,我们发现随着交易次数的增多,农场不遵守质量承诺将面临更大的利润损失,所以农场会随时间的流逝愈来愈重视自己的信誉,其质量承诺与质量投入水平的决策也会更加谨慎。但是更高的质量承诺有利于提高消费者利益与社会整体福利,而如果在没有政府有效监管的情况下,消费者利益、农场收益和社会的整体福利水平会愈来愈低。所以政府有效的监管与激励机制有利于改变消费者和农场的收益结构,进而改变消费者和农场的决策行为,最终提升社会整体福利。

本章旨在为政府监管共享农场农产品质量提供动态抽检策略,基于研究结论与现实经验,我们可以得到以下四条保证农产品质量、促进共享农场发展的政策建议:

首先,根据不同情境动态调整农产品抽检率。基于本章的动态博弈模型,我们发现在农场质量承诺、消费者对农场的信任值以及交易年限不同时,政府的最优抽检率也不同。因此,对于政府来说,其在制定抽检率的时候应将这些因素考虑在内。例如不同地区的监管部门应该制定不同的抽检率。目前在国内海南省的共享农场建设较为超前与规范,在这种情况下,海南省的监管部门对共享农场农产品的监管保持一个常规的抽检率即可。但是在一些共享农场建设刚起步的地区,由于农户不道德的生产行为与监管制度的不完备性,监管部门应该制定更高的抽检率,并且提高抽检频次,例如进行突击检查等,这种抽检策略更有利于规范农场的生产行为,保证农产品质量安全。同时,基于前文我们发现在无法保证最优抽检率的时候,尝试提高对抽检不合格产品的惩罚力度,可以达到同样的监管效果。因此,政府监管部门在无法保证抽检率的时候,可以宣称一旦发现抽检问题,共享农场将面临高额罚款。彼时,共享农场为了自己的收益,与其待抽检不合格时付出高额罚款,不如提前保证农产品质量安全。所以政府提高惩罚力度可以借助威慑效应达到监管目标。

其次,探索新技术与新方法以降低抽检成本。因为抽检成本会对政府有效履行抽检职责产生负向影响,因此我们建议政府积极探索新技术的利用与推广,以降低抽检成本,达到更好的抽检效果。目前得益于数字化技术与供应链技术的发展,已经有很多农产品生产商与经营商将其应用农产品质量供应链管理中。研究发现,区块链技术有助于提高信息透明度,减少农户的投机行为(Domínguez 和 Roseiro 2020)。因此,我们建议政府可以协助与激励共享农场投资区块链与数字化技术。基于此,政府便可以利用信息技术更低成本且更高效地监管农场的生产行为,降低其投机行为,保证农产品质量安全。

最后,可以探索建立共享农场质量承诺等新的管理制度。因为共享农场更高的质量承诺有助于提高农产品质量与整体社会福利水平,所以我们建议政府建立共享农场质量承诺制度,并对高承诺高信用的农场进行补贴与激励,以达到社会示范效应,从而提高农产品质量与整体社会福利水平。通过对多周期交易情形的研究,我们发现共享农场会随着交易次数的增多越来越重视自己的声誉,所以质量承诺制度有利于规范其生产行为,显化优质农场的信用等级,从而形成良好的示范效应。多个研究也已经指出品牌与示范效应有助于提升农产品质量(董银果和钱薇雯 2020,李丹等 2021,周小梅和范鸿飞 2017,王建华等 2020)。目前国内也已经建立了许多品牌共享农场,且取得了良好的发展,例如广州艾米农场通过生态稻田特色提供农产品,并且引入了人工智能技术,成为了国内的示范性共享农场。无锡田园东方农场打造了以水蜜桃种植为特色基础产业的田园综合体项目,短短几年内取得了不俗成绩并为其他城市的共享农场建设提供了可参考性样本。

1.5 本章小节

共享农场作为一种高质量的本地农业新形态,其对于促进农业高质量发展与巩固脱贫攻坚成果、发展乡村振兴具有重要意义。由于农产品是一种信任品,消费者难以准确地估计和测量其质量。因此,对于共享农场农产品质量安全进行有效监管十分必要。本章企在通过提供政府动态抽检策略保证共享农场农产品质量安全。根据研究结论,我们认为政府根据不同情境动态调整农产品抽检策略、尝试通过加大惩罚力度进行有效监管、探索新技术以降低抽检成本并且建立共享农场质量承诺制度有利于提高共享农场农产品质量。

因此基于上文,本章还有进一步研究的空间:首先未来可以考虑采用真实数据进一步验证本章的模型与结论。因为政府对农产品的质量监管需要做预先决策且共享农场作为一种新的农业形态,其质量安全抽检数据与农产品需求数据并不完备且受到多重因素的影响,所以本章采取了数据模拟仿真。未来,可以持续追踪一定地区的共享农场农产品抽检数据与订单数量,利用真实数据进行进仿真或者利用其他方法进一步验证本章结论。其次,未来也可以更加细化消费者类型,建构更加贴近现实的博弈模型,以提供更加具体详细的政策建议。未来我们将持续追踪这一研究主题,进行更深层次地研究与讨论。

农产品高质量生产的补贴策略

随着电商经济的崛起，农产品电商的新销售模式逐渐占领传统的农产品市场。消费者也可以从传统的"菜市场"买菜模式转为"线上下单，送货到家"的新模式。农产品电商模式在提高农产品供应链效率的同时，也带来了农产品质量安全风险，多起农产品安全事件挑起了全社会的敏感神经，如何在新模式下保障农产品安全是政府急切需要解决的问题。通过补贴政策激励农民和电商平台等农产品供应链成员保障农产品绿色生产是政府的引导工作之一。但是，本章研究发现目前对电商平台和农民绿色生产的相关补贴政策有待更加精准，同时对政府财政产生了不小的压力，因此具有针对性、高效性的政府引导策略是破局关键。本章建立农民和电商平台之间的博弈关系，在政府不同的引导策略场景下，对农民和电商平台之间的博弈进行分析，探讨政府不同的引导策略对农产品质量的影响。本章按照政府补贴对象将博弈情景分为：① 无政府补贴。② 政府补贴农民。③ 政府补贴电商平台等三种，并按照电商平台和农民的博弈关系，求解平台和农民的最优决策。

2.1 农产品产品质量的补贴鼓励政策

随着互联网技术的发展与电商经济的崛起，互联网技术推进了农业信息化发展，实现了农产品与电商平台一体的供应链机制。农产品电子商务的发展实现了农产品销售量的大幅度提升,促进农产品从传统的线下销售模式到线上电商销售模式转变,实现了农产品线上、线下并行的销售模式。随着农村电商平台发展和物流基础设施的逐步完善,"产地直采"等农村电商新形式大大促进了农产品销售量上行,为农村居民增收提供了有力保障。根据商务部统计,2021 年我国农产品网络零售额达到了 4 221 亿元,同比增长 2.8%(人民网 2022)。电商平台积极推动农产品在线上渠道销售,同时直播电商、拼团等新兴业态使农产品能够接触更大规模消费者,因此近几年其网络销售量逐年攀升,呈不断加速趋势。

农产品电商销售模式最早可以追溯到 1990 年,美国开始建立了从农产品生产到电商平台销售的完整销售模式。在 2000 年至 2010 年之间,互联网技术的快速发展以及互联网用户的快速增加,促进了美国农产品电商平台的发展。在这时期出现了以 FreshDirect、Farmigo、PeaPod 等领头的农产品电商平台,提供在线购买、送货上门等服务。在 2010 年至今,美国农产品电商平台不断创新、服务模式更加多元化和智能化。例如 Blue Apron、Thrive Market 等平台采用订阅政策,供消费者订阅农产品。例如 Instacart 和 Shipt 开始提供配送服务,为消费者购买农产品提供更便捷服务。同时科技公司也逐渐推出更多之智能化服务,进一步提升美国的农产品电商平台发展水平。美国政府在各种农业生产技术和生产规范方面建立了较为成熟、严格、完善的新鲜农产品标准体系和相关的监管体系(Liu 和 Walsh 2019)。

追溯我国农产品电商销售模式的发展历程,主要经历了以下几个阶段:2005 年至 2012 年间,2005 年我国第一家农产品网络销售平台"易果生鲜"上线,为城市中高收入家庭提供进口水果。在此阶段,企业开始进入农产品电商领域,我国农产品电子商务贸易的范围不断扩大,主要贸易品种也从粮食产品转变为生鲜农产品。在巨大的消费市场的刺激下出现了大量的生鲜农产品电子商务网站。但是农产品电商的运营模式只是复制普通电子商务模式并且从 2009 年起大量资本、企业加入农产品电商领域导致行业泡沫的出现,最终众多企业发展失败。在 2012 至 2013 年间,社交媒体和移动通信工具的大范围普及,阿里巴巴、京东等大型互联网企业投入了大量的资金、人力、物力,极大地促进了农产品电商的发展。在 2012 年我国农产品物流总额达到了 1.77 万亿元,同比增长 4.5%,我国农产品流通体制已经从计划经济模式向市场经济模式发展(刘静娴和沈文星 2019),并随着我国经济体制改革,农产品电商市场化程度逐渐提高。从 2013 年至今日,农产品电商发展进入快速发展阶段,逐渐出现了多种农产品电商销售模式,包括 B2C,C2C,C2B 以及 O2O 模式。网络信息技术例如:大数据、云计算、5G 等技术的快速发展给农产品电商平台发展提供了技术支撑。网络用户的逐年增加也促进了农产品电商用户群体的快速发展。同时,消费者对农产品品质、安全和溯源等方面的要求越来越高,农产品电商平台也在加强自身的品牌建设和服务水平提升。总的来说,我国农产品电商平台在政策、基础设施和技术等方面的支持下,经历了从起步到转型再到发展的历程。随着技术和服务水平的提升,消费者对品质、安全和溯源等方面的要求不断提高。目前我国主要网络销售农产品包括水果、蔬菜、肉类、海鲜等。从平台形式来看,我国农产品电商平台形式多样,既有纯负责销售的电商平台,例如京东、淘宝等,也有线上线下结合的新零售平台,如盒马鲜生、苏宁易购等。总体来看我国农产品电商平台的发展前景依然广阔。

我国农产品销售量逐年增加,但是农产品质量安全依然是主要待解决的问题。由于电商平台对商家的监管力度弱,商家准入标准不高、商家食品生产环境不达标、使用过期食品等问题频频出现。例如某网络平台发布"外卖平台销量领先的炸鸡店,华莱士、韩式炸鸡有多脏?"视频,引发了人们对食品安全问题的担忧,反映了当前外卖平台不少商家存在食品安全问题。影响农产品质量安全的因素主要有以下几点:① 产地环境污染,治理效果不足。产地污染主要由工业"三废"及污水灌溉造成,从水、土、气候等多个方面对土壤造成侵害,导致土壤重金属含量偏高,对农产品生产造成威胁。在我国,由于过量地使用化肥、除草剂和杀虫剂等有害物质,水资源污染已经成为农产品污染的重要原因之一(Chen 和 Wang 2022)。② 农药、杀虫剂等化学用品的滥用错用、违规使用、质量不达标等严重影响农产品的安全生产。为了保证粮食生产量达标,化肥、农药常常被大量使用,根据世界银行数据显示我国每公顷化肥使用量是美国化肥使用量的 2.8 倍,世界化肥使用量平均水平的 3 倍左右(World Bank 2023)。大量使用农药会导致农产品有害物质残留,尤其在发展中国家农药残留问题似乎更为严重,其原因在于对农药残留问题的监管力度不足以及杀虫剂等化学品的错误使用(Waichman 等 2007)。农药、杀虫剂等对人的身体健康也有严重影响,杀虫剂不仅可以在短期内对人造成头痛、恶心,还会造成癌症、内分泌紊乱等长期影响(Berrada 等 2010),甚至造成重大食品安全事件。③ 农产品运输过程中损坏。保质期短、需要及时消费的农产品在运输过程中更容易因未采取冷链运输等特殊控制而导致质量损坏(World Bank 2023)。④ 电商平台商家准入规则不完善,导致不良商家销售伪劣农产品,侵害消费者权利。在平台发展阶段为了快速抢占市场,需要接入大量的商家,因此也会降低商家准入门槛导致部分无资质商家也可以在平台售卖,最终平台售卖的农产品质量不达安全标准(李立娟 2016),相比过去农产品线下采购模式,在电商平台销售模式下消费者更难以发现农产品的质量存在问题。综合以上几点因素,种种原因已经造成我国农产品质量正面临十分严峻的安全问题,如何有效解决农产品质量安全问题已迫在眉睫。

　　税收和补贴是政府管控的两大重要手段。为了解决农产品质量安全问题,已经有大量的补贴政策被很多地方政府所采用。我国各地方政府部门不仅出台了相关政策法规来加强对食品质量安全的监督管理而且通过补贴加强农业绿色生产。2021 年上海市政府出台了《上海市农业绿色生产补贴资金管理办法》,规定了政府农业补贴资金的补贴对象和范围以及资金用途。其中提出要以绿色生态为导向,深化农业补贴制度改革,提高政府财政资金的使用绩效,并对农业绿色生产补贴资金提出了明确的定义(上海市人民政府 2021)。黑龙江省为了大力发展绿色食品产业,制定了《黑龙江省绿色食品产业发展纲要》并实现对绿色食品企业补贴超千万元(黑龙江省人民政府 2023)。2019 年湖北政府出台政府扶持农业补贴项目细则,提出将坚持规划引导、市场主导、利益互惠、耕地保护等四大原则,鼓励工商资本向现代农业进行补贴,并且规定了相关奖补、减税、金融、土地供给等政策支持,为湖北省发展绿色农业实现有效推进(湖北省财政厅 2023)。根据 2022 年农业部重点强农惠农政策,提出了实际种粮农民一次性补贴、农机购置与应用补贴、耕地地力保护补贴、农业保险保费补贴等有力措施,为农民绿色高效生产提供了有力保障(财政部2022)。

不仅我国提出了相关补贴政策,俄罗斯也类似地使用812亿卢布补贴中小企业,其中包括电商平台购买农产品。孟加拉国对电商平台购买农产品提供了448.1亿塔卡补贴(Zhong等2021)。尽管这些政府措施带来了不错的效果,然而我国政府农产品补贴政策仍然存在较大问题。首先政府补贴缺乏一定的系统性,对农产品生产和销售的全部过程都有各种各样的补贴,这样大范围分散的补贴形式难以针对特定的步骤或产品产生有效的补贴作用,对良种的补贴缺乏持续性和高效性。现有证据表明,致力于农业产业化的企业仍然缺乏资金支持。同时,对农民的人力培训较为缺乏,政府支出不足导致缺乏高质量的农业人才,同时缺乏对农业技术的有效补贴。其次,我国人均补贴水平较低,与美国、欧盟各国、日本等发达国家相比,在许多领域我国人均补贴低于100元/年(Du等2011),由于原材料价格的不断上涨以及生产成本的增加,农民大部分补贴都被用于购买原材料和投入生产,难以实际产生激励作用。因此总体看来,我国目前政府农业补贴政策存在补贴缺乏针对性、有效性等问题,补贴结构不合理,补贴管理不科学,补贴法律不健全等问题仍在一定程度上存在。由于补贴面比较广泛、补贴分散、各环节实际获得的补贴数额较小,政府补贴难以集中发挥作用,因此政府需要更有针对性的、有效的补贴策略。

综上,基于目前存在的农产品质量安全问题和我国政府补贴政策存在的问题,本章核心的研究问题是政府如何选择补贴策略才能有效保障农产品质量安全?为了解决政府如何选择补贴策略问题,本章建立了农民和电商平台之间的博弈模型,并通过分析不同政府补贴策略下的农民和电商平台决策,来回答政府补贴策略选择问题,为政府未来提出补贴政策提供理论依据。为此,本章通过建立电商平台和农民之间的斯坦伯格博弈模型,分析政府的补贴策略对电商平台和农民的决策影响,从而找到更有效的政府补贴策略。这不仅可以更加节省政府的财政支出,还可以对电商平台和农民保障农产品质量产生有效的激励作用,从而达到通过更少的补贴获得更好的效果的目的。本章在理论研究方面,对政府的补贴决策提供了有力的理论依据,对电商模式下的农产品质量安全研究提供了理论支撑,本章理论模型对农产品电商供应链中的决策分析以及进一步研究做出贡献。本章在现实层面方面,为政府做出有效补贴政策鼓励农民绿色生产、电商平台保障农产品质量做出贡献,为政府提供更优化的补贴策略,有利于节省政府财政支出,不仅保障农产品质量安全,也保障了消费者权益。

2.2 农产品政府补贴与质量安全

2.2.1 政府补贴的相关政策

政府补贴是一种促进绿色生产的有效手段(Dai 等 2017),不仅可以减少环境污染,同时对提高社会福利也有重要作用(Gorji 等 2021)。农业补贴政策已成为农业可持续发展的一种常见而重要的激励策略(Garnett 等 2013)。我国农业补贴政策从 20 世纪 50 年代开始并在改革开放得到发展,初期的农业补贴主要是以农业税收为主,并没有实际体现出补贴的作用(Holz 2003)并直到 2006 年废除农业税。农业补贴的最初形式主要以价格补贴为主,但是效率并不高,同时高额的价格补贴无法保障农产品的高质量。从 2003 年开始,我国根据国外发达国家补贴经验,将农业补贴从间接补贴改为直接补贴,在符合一定条件的情况下将补贴现金直接发到农民手中。在 2004 年政府提出相关政策,为保障农民的利益提出了农民直接补贴政策并废除了农业税收(Du 等 2011)。在新的政府补贴政策提出后,有关学者进行了大量相关研究,并对政府补贴的首要目标是提高农民的收入还是保障农产品的质量安全进行了大量的讨论。有学者认为政府补贴应该兼顾这两个目标(Chen 和 Wang 2022),也有学者认为政府补贴只能完成其中的一个目标(Deyu 和 Haiying 2004)。但是随着补贴范围的扩大,最终的政策效果逐渐微弱。由于各地区补贴标准不同,管理成本较高,在农产品种植、产品推广等方面的信息不对称造成实际补贴效率较低的局面。

政府农业补贴是政府对农业生产、流通和贸易进行的转移支付。政府农业补贴主要有两个方面:广义农业补贴和保护性补贴。广义农业补贴指对农业生产基础设施的补贴;保护性补贴指政府直接干预农产品价格和贸易,一般包括农产品价格补贴政策,农产品投入补贴,农产品营销贷款补贴和耕地轮作休耕补贴等方面。各国政府都指定了相关农产品补贴政策,旨在促进农业的可持续发展。政府补贴已经成为促进农业可持续发展的重要激励手段(Garnett 和 Appleby 2013)。我国主要采取的补贴方式有:直接补贴、产出补贴和投入补贴三种类型。美国农业补贴政策开始于 20 世纪 30 年代,最主要是制定农产品价格对农产品进行差额补贴(Wilson 1976)。另外为了限制农业种植面积,美国实行休耕补贴制度。而日本农业也采用补贴制度,补贴类型主要有三种,包括收入补贴、生产资料购置补贴、一般政府服务包括培养农业人才等(He 等 2016)。欧洲各国的对农产品补贴总额已经超过年度预算的 40%(Schmedtmann 2015)。为了为政府补贴决策提供理论支持,众多学者提出了相关研究模型来测量政府补贴效果。政府补贴不仅可以提高农民种植面积、提高农民的收入以及提高种植回报(Akkaya 等 2021)。当政府补贴农村贫困地区有助于提高当地经济水平(Yadav 等 2018)。在政府补贴的影响研究方面,政府补贴可以促进绿色产品的销售,进而增加绿色产品在市场的份额(Meng 等 2020)。政府补贴也会提高供应链成员企业社会责任(CSR)供应链整体效率以及增加社会福利(Liu 等 2019)。政府补贴对促进电动汽车行业的发展以及降低环境污染水平(Huang 等 2013)。不同支付手段与政府补贴对消费者对农产品安全需求的影响,建立了政府与农产品供应商和农产品加工商的三阶段博弈模型发现政府补贴有利于食品加工商的加工投入(Yu 和 He 2021)。学者 Yaoguang Zhong 从政府对农产品电子商务供应链的资助对象构建了 Stackelberg 博弈模型并最终发现政府对农产品生产企业进行补助时的效益最高(Zhong 等 2021)。在政府补贴形式研究方面,Saed Alizamir 等研究了美国政府对农业补贴的不同形式差异,对低价补贴(Price Loss Coverage,PLC)和农业风险补贴(Agriculture Risk Coverage,ARC)两种补贴形式进行了对比发现,在 PLC 补贴形式下农产品产量更多,并且农产品生产者与消费者均在 PLC 补贴形式下更加收益(Alizamir 等 2021)。从政府补贴决策的影响因素方面,农民和零售商的公平偏好和利他偏好能够显著影响政府的补贴决策(林强等 2021)。除此之外,顾客对商品价格的敏感度也会影响政府补贴策略的选择(Guo 等 2016)。

目前对农产品质量安全领域研究主要集中在农产品供应链研究、农产品安全立法研究、农产品安全生产影响因素研究、农民绿色生产行为及意愿研究以及农药、杀虫剂等化学品使用研究等方面。但是,对政府补贴政策的研究主要集中在政府补贴的作用研究、补贴政策演变研究、补贴形式研究、电商平台补贴政策研究等方面,缺乏政府对农民和电商平台不同的补贴策略对农产品质量安全的影响以及农民和电商平台决策的影响研究。因此,本章通过建立农民和电商平台之间的斯坦伯格博弈模型,在不同的补贴策略下进行博弈分析探究政府最优的补贴策略,为政府推行高效的补贴政策提供理论依据。

2.2.2 农产品质量安全管理

农产品质量安全是一个重要的研究领域,近些年来发生了多起农产品安全事件引起了人们对农产品质量安全的担忧。频繁发生的农产品安全事件不仅会影响农产品生产企业的产品销售以及企业利润,更会影响消费者的身心健康。农产品质量安全问题已经成为严重的社会公共卫生问题,因此研究农产品质量安全是十分必要的。同时,我国的农产品质量安全不仅对国内消费者产生影响,同时对其他国家食品质量安全也会产生重要影响。根据中国农产品进出口情况报告,2020 年中国农产品出口额达到 765 亿美元,主要出口国家和地区有美国、欧盟、加拿大、巴西、澳大利亚、新西兰等国家。目前关于农产品质量安全领域已经有大量的研究,首先根据联合国粮食及农业组织的对农产品质量安全的定义,本章研究的农产品质量安全是指农产品中不包含对消费者健康有害的各种因素,保障农产品的绿色生产(Joint 2021)。

对农产品质量安全的研究涉及多个方向。本章主要从以下几个方面进行总结:① 农产品供应链方面研究。包括对农产品供应链成员研究、供应链安全研究等。Connolly 等人对农产品从生产到食用的整条供应链存在的安全风险进行评估,从化学风险(农药、杀虫剂等)、物理风险(存储环境、温湿度等)以及生物风险(各类细菌)角度进行了总结,提出了减少潜在的农产品质量安全威胁的建议(Connolly 等 2016)。在对全球农产品供应链的研究中发现,产品配送站(Distribution Centers)对保障农产品质量安全有重要作用。因为当农产品存储在配送站时可以及时通过质量检测发现农产品质量是否损坏,在农产品供应链中即可减少农产品安全事件发生(Auler 等 2017)。在农产品供应链中的成员个数对农产品的质量安全也会产生影响。因为农产品在转运过程中经过越多的中间加工商就越会增加农产品受到污染的可能性(Sloane 和 O'reilly 2013)。② 农产品质量安全立法方面研究。联合国粮农组织、世界卫生组织以及世界贸易组织都会建立关于农产品质量安全相关规定。但是在全球范围内,众多国家和地区关于农产品质量和安全方面都有自己的立法,即使在欧盟各国之间,农产品安全立法存在许多分歧,使得国家之间农产品贸易往来愈发复杂(Esbjerg 和 Bruun 2003)。这种繁多的法规制度,一方面导致发展中国家和新兴企业很难遵守,另一方面增加了遵守这些法规制度的成本,为企业利润带来了压力(Trienekens 和 Zuurbier 2008)。尽管大多数非洲国家颁布了关于粮食的法律和条例,但是执法效果并没有达到预期(Kussaga 等 2014)。③ 农产品质量安全影响因素方面研究。环境因素(例如耕地减少、淡水资源减少、土地质量减弱、气候变化等)、天气因素、季节性变化、存储和运输过程等都会成为影响农产品质量安全的因素(Van Der Vorst 2000)。④ 农民绿色生产意愿方面研究。农民的绿色生产意愿直接影响了农民对农产品的绿色生产行为。因此研究农民绿色生产意愿有重要意义。许多学者认为人口和社会经济因素是影响农民绿色生产农产品的主要原因(Grzelak 等 2019)。然而这些因素并不是绝对的,如何激励农民绿色生产需要进一步的研究。农民绿色生产的意愿也会受到不同的因素影响,包括个人特征(年龄、教育水平等)(He 等 2016)、家庭因素(家庭耕地面积、种植收入等)(He 等 2016)、认知水平(责任意识、环保意识等)(Zhang 等 2018)以及政策因素(政府补贴、技术支持等)和市场环境(生产材料价格、市场销售价格等)(Chen 等 2017)。而农民对绿色生产相关政策认知不足导致绿色生产相关政策效果并不明显(李芬妮 等 2019)。⑤ 农药、杀虫剂等在农业生产中的影响研究。农药、杀虫剂等化学物品对农产品生产有重要作用,对易受害虫影响的农产品会有保护作用(Dinham

等 2003），同时农药残留对消费者的身心健康有严重影响。无论在发达国家还是发展中国家，农药、杀虫剂等化学品的使用引起大量学者的研究。农民个人因素、政府监管措施、技术水平包括设备和环境条件都会影响农民使用农药、杀虫剂等化学品（Li 等 2020）。农民错误使用农药、杀虫剂等化学品主要受农民自身知识、政府和农药、杀虫剂销售商不作为以及农民追求高利润行为所影响。

2.3 农产品质量补贴的博弈关系

斯坦伯格博弈是一个两阶段的完全信息动态博弈，各决策主体之间的有行动次序的区别，决策双方都是根据对方可能的策略来选择自己的策略以保证自己在对方的策略下的利益最大化，从而达到纳什均衡（Li 和 Sethi 2017）。为了促进农产品的绿色生产，政府采用补贴策略激励平台和农民，模型主要考虑了政府补贴平台和补贴农民两种策略，同时将无补贴情况作为对照。在博弈中，首先做出决策的被称为领导者，后做出决策的被称为追随者。追随者在领导者决策之后做出决策，领导者收到追随者的决策之后再进行决策调整直到双方达到纳什均衡。在本章研究模型中，政府补贴作为外生变量影响电商平台和农民的决策。在决策顺序上，农民先对农产品质量进行决策，有生产绿色农产品和不生产绿色农产品两种决策，电商平台在农民决策之后对农民的决策做出反应，对农产品价格进行决策。农民在电商平台做出价格决策之后会再次对农产品生产进行决策。同时对模型做出以下三点假设：

模型假设 1：本章模型主要由政府、电商平台、农民构成，其中政府决定补贴电商平台或农民，电商平台决定农产品价格以及在接受补贴时转移给农民的补贴 r，同时电商平台对平台商家具有监督作用，通过商家准入机制淘汰劣质商家，保障绿色安全的农产品在平台销售。农民决定是否生产绿色农产品。电商平台与农民之间存在完全信息博弈，因此在做决策前可以完全获知对方的决策，同时政府、电商平台、农民均是风险中性以及理性的决策者。

模型假设 2：农民生产的农产品只有获得国家认证的绿色食品安全认证才会被认为绿色农产品。

模型假设 3：为了政府财政支出更加高效，因此只有政府补贴电商平台或农民的情景，不考虑同时补贴电商平台和农民的情景。

根据研究模型假设，本章研究模型结构图如图 2-1 所示：

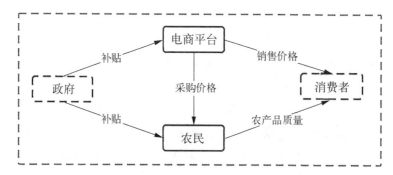

图 2-1 政府—电商平台—农民博弈模型

根据经济学中的市场需求理论，本章假设市场需求是销售价格、农产品质量和市场基本需求的函数即：$D = f(D_0, q, p)$。市场需求 D 与销售价格 p 成反比，与农产品质量 q 成正比，根据市场供求关系，将市场需求设为线性方程形式，其中 b 是市场质量敏感系数，c 是市场价格敏感系数并且有 $D_0 > 0$，$b > 0$，$c > 0$：

$$D = D_0 + b * q - c * p$$

本章中政府补贴策略主要有三种：无补贴、补贴农民、补贴电商平台。以下介绍三种不同策略模式下的平台和农民的效益函数。本章模型中定义的变量如表 2-1 所示。

表 2-1 研究模型变量表

模 型 变 量	模 型 变 量 定 义
w	采购价格
q	农产品质量

模 型 变 量	模 型 变 量 定 义
p	农产品销售价格
C_0	生产固定成本
C_f	绿色生产边际成本
s	政府补贴
r_p	平台转移补贴
D	市场需求
D_0	市场基本需求
b	市场质量敏感度
e	绿色生产边际系数
c	市场价格敏感度

2.3.1 无政府补贴的博弈模型

在无政府补贴情况下,农民是否选择绿色生产取决于农民与平台之间的决策关系,即若绿色农产品相比非绿色农产品可以获得更高的进货价格 w,农民就会获得更高的收益,那么农民就会有激励生产绿色农产品。因此政府可以通过无政府补贴情况下平台和农民的效益函数,分析农民选择生产绿色农产品的采购价格范围。电商平台与农民的效益函数分别为 $U_p = f(p, w, D)$ 和 $U_f = f(w, C_0, C_f, D)$,其中绿色生产边际成本 $C_f = e * q$,即:

$$U_p = (p - w) * D$$

$$U_f = (w - C_0 - C_f) * D$$

其中市场需求根据农民的决策而不同,本章将农民生产绿色农产品和不生产绿色农产品两种决策情况分别设为情景 1(生产绿色农产品)和情景 2(不生产绿色农产品),如图 2-2 所示。

2.3.2 政府补贴农民的博弈模型

在政府补贴农民的情况下,将政府补贴记为 s,农民的效益增量记为

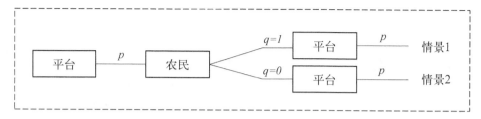

图 2－2　无政府补贴策略博弈模型

$s * D$。当政府补贴 s 超过一定范围时,农民会选择生产绿色农产品;当政府补贴 s 不足时,农民生产绿色农产品的成本大于收益,因此不会生产绿色农产品。此时电商平台和农民的效益函数分别为 $U_p = f(p, w, D)$ 和 $U_f = f(w, C_0, C_f, s, D)$,即:

$$U_p = (p - w) * D$$

$$U_f = (w - C_0 - C_f) * D + s * D$$

因此基于农民的是否接受补贴决策,建立情景 3(生产绿色农产品)和情景 4(不生产绿色农产品)模型。如图 2－3 所示:

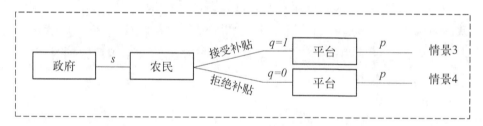

图 2－3　政府补贴农民策略博弈模型

2.3.3　政府补贴中介平台的博弈模型

电商平台作为农产品销售的"主战场",是农产品供应链中的重要一环。电商平台不能只追求利益而无视劣质农产品在平台销售,为了激励电商平台对农产品质量严把关,提高平台销售的农产品质量,政府可以向平台提供补贴支持,即对不同农产品质量的平台提供不同补贴数额。因此农产品质量的提升不仅对消费者有益,也会增加电商平台的收益,使得平台拥有更好的口碑。目前最火的各大电商"百亿补贴"大战,通过补贴提高平台商品质量,通过价格补贴吸引更多的平台用户创造收益。拼多多推行了"深入 500产地、扶持 1 万新农人、投入 100 亿元资源支持"计划(新华网 2018),不仅为促进了农产品的销售和质量的提升,也给更多的农民资金支持。因此若政府选择补贴电商平台,平台为了激励农民生产绿色农产品,将一定比例政府补贴 r_p 转移给农民,电商平台和农民的效益函数分别为 $U_p = f(p, w, s, r_p, D)$ 和 $U_f = f(w, C_0, C_f, r_p, D)$,即:

$$U_p = (p - w) * D + (s - r_p) * D$$

$$U_f = (w - C_0 - C_f) * D + r_p * D$$

因此模型建立如下:在电商平台接受政府补贴之后,按照平台是否转移部分补贴给农民分为两种情况,当农民获得平台转移补贴时,如果生产绿色农产品则记为情景 5,如果没有生产绿色农产品则记为情景 6;当农民没有获得平台转移补贴时,农民并没有激励去生产绿色农产品,因此,此种情况不予考虑。同时,我们将农民没有获得平台转移补贴并且没有生产绿色产品的情况记为情景 7。模型如图 2-4:

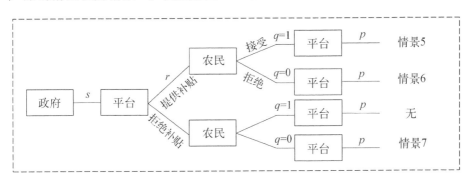

图 2-4 政府补贴电商平台策略博弈模型

2.4 政府补贴博弈的最优决策

2.4.1 无政府补贴策略分析

在无政府补贴模型中,主要分析在无补贴激励时,电商平台和农民之间是否会自发地进行博弈,进而农民是否会选择生产绿色农产品。因此首先假设农民选择生产绿色农产品(情景 1),此时有市场需求函数 D:

$$D = D_0 + b - c * p(q = 1)$$

根据市场需求函数可以确定电商平台和农民的效益函数为:

$$U_{p_1} = (p - w) * (D_0 + b - c * p)$$

$$U_{f_1} = (w - C_0 - C_f) * (D_0 + b - c * p)$$

那么当农民选择生产绿色农产品时,电商平台和农民的最优效益分别是:

定理 1.

电商平台最优效益:

$$U_{p_1}^* = \frac{(b + D_0 - w * c)^2}{4c}$$

农民最优效益:

$$U_{f_1}^* = \frac{(C_0 + e - w)(-b - D_0 + w * c)}{2}$$

电商平台的最优决策价格为:

$$p_1^* = \frac{b + D_0 + c * w}{2c}$$

证明:

已知情景 1 中,平台效益函数:

$$U_{p_1} = (p - w) * D$$

对 U_{p_1} 求一阶导函数得:

$$\frac{dU_{p_1}}{dp} = b + D_0 + c(-2p + w)$$

对 U_{p_1} 求二阶导函数得:$U_{p_1}^{''} = -2c$,由于 $c > 0$,因此其二阶导函数小

于 0，可得平台效益函数为凸函数并且存在最大值，由最大值处一阶导为 0 的特性，令 $U'_{p_1}=0$，可得 $p^*=\dfrac{b+D_0+c*w}{2c}$，并且平台效益最大，因此将 p^* 代入平台效益函数得到平台最优效益：

$$U^*_{p_1}=\frac{(b+D_0-w*c)^2}{4c}$$

已知农民效益函数：

$$U_{f_1}=(w-C_0-C_f)*D$$

将 $p^*=\dfrac{b+D_0+c*w}{2c}$ 代入 U_{f_1} 可得农民的最大效益值。

已知在情景 2 中，市场需求函数为：

$$D=D_0-c*p$$

平台和农民的效益函数分别为：

$$U_{p_2}=(p-w)*(D_0-c*p)$$

$$U_{f_2}=(w-C_0-C_f)*(D_0-c*p)$$

对平台效益函数求一阶导数得：

$$\frac{\mathrm{d}U_{p_2}}{\mathrm{d}p}=D_0-2c*p+c*w$$

二阶导数为 $-2c$，由于 $c>0$，因此在情景 2 中，平台的效益函数为凸函数并且存在最大值。因此令上式为 0，解得平台最优决策价格 p^*：

$$p^*=\frac{D_0+c*w}{2c}$$

证毕。

其次假设农民不会选择生产绿色农产品（情景 2），此时 $q=0$，并且市场需求函数为：

$$D = D_0 - c * p(q = 0)$$

根据市场需求函数可以确定电商平台和农民的效益函数为：

$$U_{p_2} = (p - w) * (D_0 - c * p)$$

$$U_{f_2} = (w - C_0 - C_f) * (D_0 - c * p)$$

其中农产品生产的边际成本 $C_f = e * q$，e 为边际成本系数。

那么当农民选择不生产绿色农产品时，电商平台与农民的最优效益分别是：

平台最优效益：

$$U_{p_2}^* = \frac{(D_0 - w * c)^2}{4c}$$

农民最优效益：

$$U_{f_2}^* = \frac{(C_0 - w)(w * c - D_0)}{2}$$

电商平台的最优决策价格为：

$$p_2^* = \frac{D_0 + c * w}{2c}$$

根据以上不同情景下的最优效益，可以推测只有在生产绿色农产品的最优效益更大时，农民才会倾向选择生产绿色农产品。即对于平台和农民只有在 $U_{p_1}^* > U_{p_2}^*$，$U_{f_1}^* > U_{f_2}^*$ 时，平台和农民才会共同博弈并选择生产绿色农产品，此时应满足条件：

$$\begin{cases} w > \dfrac{bC_0 + be + D_0 e}{b + c * e}, & if\ U_{f_1}^* > U_{f_2}^* \\ w < \dfrac{b + 2D_0}{2c}, & if\ U_{p_1}^* > U_{p_2}^* \end{cases}$$

以上条件说明农民生产绿色农产品的条件为平台采购价格 $w > \dfrac{b * C_0 + b * e + D_0 e}{b + c * e}$。平台与农民达成一致的采购价格最高条件为 $w <$

$\dfrac{b+2D_0}{2c}$。因此在没有政府补贴的情况下,平台采购价格 w 超过

$\dfrac{b * C_0 + b * e + D_0 e}{b + c * e}$ 时,农民才会生产绿色农产品。同时需要满足

$\dfrac{bC_0 + be + D_0 e}{b + c * e} < \dfrac{b+2D_0}{2c}$ 时,平台采购价格 w 才存在。

定理 2. 比较采购价格的上限价格与下限价格可以得到满足采购价格 w 的最低市场需求为:

$$D_0 > \frac{1}{2}(-b + 2c * C_0 + c * e)$$

证明:

将上式代入平台和农民的效益函数 U_{p_2} 和 U_{f_2} 中,可得

$$U_{p_2}^* = \frac{(D_0 - w * c)^2}{4c}$$

$$U_{f_2}^* = \frac{(C_0 - w)(w * c - D_0)}{2}$$

当 $U_{f_1}^* > U_{f_2}^*$ 时:

$$\frac{(C_0 + e - w)(-b - D_0 + w * c)}{2} > \frac{(C_0 - w)(w * c - D_0)}{2}$$

化简该式并求解 w 可得

$$w > \frac{bC_0 + be + D_0 e}{b + c * e}$$

同理当 $U_{p_1}^* > U_{p_2}^*$ 时:

$$\frac{(b + D_0 - w * c)^2}{4c} > \frac{(D_0 - w * c)^2}{4c}$$

化简该式并求解 w 可得

$$w < \frac{b + 2D_0}{2c}$$

只有在 $\frac{b + 2D_0}{2c} > \frac{bC_0 + be + D_0 e}{b + c * e}$ 时，采购价格 w 才会存在，因此化简该不等式并求解出 D_0 得：

$$D_0 > \frac{1}{2}(-b + 2c * C_0 + c * e)$$

证毕。

上式说明只有在市场基础需求达到 $\frac{1}{2}(-b + 2c * C_0 + c * e)$ 以上时，平台和农民才能关于提升农产品质量自发达成一致。这也说明了在没有政府参与的完全市场作用下，如果希望平台和农民可以自发地提高产品的质量，就必须要满足一定的市场规模条件。

2.4.2 政府补贴农民策略分析

当政府选择补贴农民策略时，政府补贴会影响农民效益并对农民和平台的决策产生影响。当政府为农民提供补贴时，农民有两种选择：(1) 选择生产绿色农产品；(2) 选择不生产绿色农产品电商平台根据农民是否接受政府补贴决策做出销售价格决策。因此根据农民的两种选择建立情景 3 和情景 4 博弈模型。

在情景 3 中，农民选择接受政府补贴 s 并生产绿色农产品，由于市场需求函数与无政府补贴时相同，因此不加赘述。此时电商平台和农民的效益函数分别为：

$$U_{p_3} = (p - w) * (D_0 + b - c * p)$$

$$U_{f_3} = (w - C_0 - e) * (D_0 + b - c * p) + s * (D_0 + b - c * p)$$

那么在情景 3 下农民和平台的最优效益是：

电商平台最优效益：

$$U_{p_3}^* = \frac{(b + D_0 - c * w)^2}{4c}$$

农民最优效益：

$$U_{f_3}^* = \frac{(w - C_0 - e + s)(b + D_0 - c * w)}{2}$$

电商平台最优决策价格：

$$p_3^* = \frac{b + D_0 + c * w}{2c}$$

在情景 4 中，农民没有选择生产绿色农产品，因此没有接受政府补贴，因此电商平台和农民的效益与情景 2 相同，因此可以得到定理 3.

定理 3.

农民的最优效益：

$$U_{f_4}^* = \frac{(C_0 - w)(w * c - D_0)}{2}$$

电商平台的最优效益：

$$U_{p_4}^* = \frac{(D_0 - w * c)^2}{4c}$$

电商平台最优决策价格：

$$p_4^* = \frac{D_0 + c * w}{2c}$$

证明：

政府补贴农民时，农民获得补贴为 s，因此电商平台和农民的效益函数分别为：

平台的效益函数为：

$$U_{p_3} = (p - w) * D$$

农民的效益函数为：

$$U_{f_3} = (w - C_0 - e) * D + s * D$$

其中 $D = D_0 + bq - cp(q = 1 \; or \; q = 0)$

当情景 3 中：$q = 1$ 时，对平台效益函数求一阶导函数：

$$\frac{\mathrm{d}U_{p_3}}{\mathrm{d}p} = b + D_0 - c * p - c * (p - w)$$

令 $U'_{p_3} = 0$ 得：

$$p_3^* = \frac{b + D_0 + c * w}{2c}$$

证毕。

通过比较情景 3 和情景 4 下农民和电商平台的最优效益可获得政府补贴农民的情况下农民生产绿色农产品的条件：$U_{f_3}^* > U_{f_4}^*$，并得出农民选择生产绿色农产品所需要的最低政府补贴 s（定理 4）：

定理 4.

$$s > \frac{b(C_0 + e - w) + e * (D_0 - cw)}{b + D_0 - cw} \; 其中 (c > 0 \; \& \; b + D_0 > c * w)$$

证明：

p_3^* 代入平台和农民的效益函数得到最优效益 $U_{p_3}^*$ 和 $U_{f_3}^*$。同理求得最优效益 $U_{p_4}^*$ 和 $U_{f_4}^*$。因此比较农民是否会生产绿色产品只需要比较情景 3 和情景 4 下的最优效益，即当 $U_{f_3}^* > U_{f_4}^*$ 时，农民才会选择生产绿色产品。因此解不等式得：

$$s > \frac{b(C_0 + e - w) + e * (D_0 - cw)}{b + D_0 - cw} \; 其中 (c > 0 \; \& \; b + D_0 > c * w)$$

证毕。

因此只有在政府补贴 $s > \dfrac{b(C_0 + e - w) + e * (D_0 - cw)}{b + D_0 - cw}$ 的情况下，农民才会选择生产绿色农产品，并且获得政府补贴，政府补贴才会

发挥实际的效果。即政府补贴农民的需要的最低补贴为

$$\frac{b(C_0+e-w)+e*(D_0-cw)}{b+D_0-cw}$$ 。通过比较 p_3^* 和 p_4^*，可以看出当农民

选择生产绿色农产品时，平台将会提高农产品价格，并且提高 b 单位农产品
价格，因此当市场对农产品质量敏感度越高时，电商平台对绿色农产品的定
价也会越高，市场需求也会越大。

2.4.3 政府补贴电商平台策略分析

一开始分析政府补贴电商平台时，政府做出补贴平台决策，电商平台决
定是否接受政府补贴，若电商平台接受政府补贴用于提升农产品质量，同时
电商平台可以决策是否将部分补贴 r_p 用来补贴给农民，激励农民生产绿色
农产品。那么当电商平台向农民提供补贴时，农民可以决策是否接受电商
平台补贴。最终电商平台根据农民是否生产绿色农产品的决策做出决策。
因此对电商平台和农民的决策分情况讨论，将电商平台接受政府补贴并转
移补贴农民，农民接受补贴并生产绿色农产品的决策记为情景 5，农民不接
受补贴的决策记为情景 6；当电商平台不接受政府补贴时，因此也不会对农
民进行转移补贴，将农民也不会生产绿色农产品的决策记为情景 7。

在情景 5 中，电商平台和农民的效益函数分别如下，其中电商平台增加
的效益为 $(s-r_p)*(D_0+b-c*p)$，农民增加的效益为 $r_p*(D_0+b-c*p)$。

$$U_{p_5}=(p-w)*(D_0+b-c*p)+(s-r_p)*(D_0+b-c*p)$$

$$U_{f_5}=(w-C_0)*(D_0+b-c*p)+r_p*(D_0+b-c*p)$$

因此得到电商平台和农民的最优效益为定理 5。

定理 5.

电商平台最优效益：

$$U_{p_5}^*=\frac{(b+D_0-c*(r_p-s+w))^2}{4c}$$

农民最优效益：

$$U_{f_5}^* = \frac{(C_0 - r_p - w)(c * (r_p - s + w) - b - D_0)}{2}$$

电商平台的最优决策价格：

$$p_5^* = \frac{b + D_0 + c * w + c * (r_p - s)}{2 * c}$$

证明：

在情景 5 中，政府补贴电商平台为 s，电商平台转移补贴 r_p 给农民，农民选择生产绿色农产品，因此，此时市场需求函数为：

$$D = D_0 + b - c * p$$

电商平台效益函数：

$$U_{p_5} = (p - w) * (D_0 + b - c * p) + (s - r_p) * (D_0 + b - c * p)$$

农民效益函数：

$$U_{f_5} = (w - C_0) * (D_0 + b - c * p) + r_p * (D_0 + b - c * p)$$

对电商平台效益函数求一阶导函数得：

$$\frac{dU_{p_5}}{dp} = b + d - c * p + c * (r - s) - c * (p - w)$$

二阶导数为 $-2c$，因此在情景 5 中电商平台效益函数为凸函数并存在最大值，令一阶导为 0 解得 p_5^*：

$$p_5^* = \frac{b + d + c * w + c * (r - s)}{2 * c}$$

将 p_5^* 代入电商平台和农民的效益函数中可得：

$$U_{p_5}^* = \frac{(b + D_0 - c * (r_p - s + w))^2}{4c}$$

$$U_{f_5}^* = \frac{(C_0 - r_p - w)(c * (r_p - s + w) - b - D_0)}{2}$$

证毕。

在情景 6 中,由于生产绿色农产品成本高于补贴因此农民做不生产绿色农产品决策,此时电商平台和农民的效益函数分别为:

$$U_{p_6} = (p - w) * (D_0 - c * p) + (s - r_p) * (D_0 - c * p)$$

$$U_{f_6} = (w - C_0) * (D_0 - c * p) + r_p * (D_0 - c * p)$$

同理可得在情景 6 时的电商平台和农民的最优效益,即定理 6.

定理 6.

电商平台最优效益:

$$U_{p_6}^* = \frac{(D_0 - c * (r_p - s + w))^2}{4c}$$

农民最优效益:

$$U_{f_6}^* = \frac{(C_0 - r_p - w)(c * (r_p - s + w) - D_0)}{2}$$

电商平台最优决策价格:

$$p_6^* = \frac{D_0 + c * w + s * c + c * r_p}{2c}$$

证明:

已知平台效益函数:

$$U_{p_5} = (p - w) * (D_0 - c * p) + (s - r_p) * (D_0 - c * p)$$

对 U_{p_6} 求一阶导函数得:

$$\frac{dU_{p_6}}{dp} = D_0 - 2c * p + w * c + s * c + c * r_p$$

令 $\frac{dU_{p_6}}{dp}$ 为 0,解得 p_6^*:

$$p_6^* = \frac{D_0 + w * c + s * c + c * r_p}{2c}$$

对 U_{p_6} 求解二阶导函数得其二阶导函数为 $U_{p_6}'' = -2c$，由 $c > 0$ 因此 $U_{p_5}'' < 0$，因此平台的效益函数是凸函数并且存在效益最优点。将 p_6^* 代入 U_{p_6} 和 U_{f_6} 可得平台和农民的最优效益 $U_{p_6}^*$ 和 $U_{f_6}^*$。

证毕。

通过情景 5 和情景 6 中的农民效益函数，当且仅当 $U_{f_5}^* > U_{f_6}^*$ 时，农民才会做生产绿色农产品的决策。通过解如下不等式：

$$\frac{(C_0 - r_p - w)(c * (r_p - s + w) - b - D_0)}{2} >$$

$$\frac{(C_0 - r_p - w)(c * (r_p - s + w) - D_0)}{2}$$

可得为了农民生产绿色农产品，当其他模型系数不变时，电商平台最少转移补贴额度为 $C_0 - w$，即当 $r_p > C_0 - w$ 时，农民才会选择生产绿色农产品并得到平台的补贴。

若电商平台认为给农民转移补贴并不能有效提升农产品质量时，可以选择拒绝补贴农民，在情景 7 中对此种情况进行分析。此时电商平台获得全部的政府补贴，农民没有获得补贴同时没有生产绿色农产品，因此电商平台和农民的效益函数分别为：

$$U_{p_7} = (p - w) * (D_0 - c * p) + s * (D_0 - c * p)$$

$$U_{f_7} = (w - C_0) * (D_0 - c * p)$$

同理对效益函数求解可得电商平台和农民的最优效益为定理 7。

定理 7.

电商平台最优效益：

$$U_{p_7}^* = \frac{(D_0 + c * (s - w))^2}{4c}$$

农民最优效益：

$$U_{f_7}^* = \frac{(C_0 - w)(c * w - c * s - D_0)}{2}$$

电商平台最优决策价格：

$$p_7^* = \frac{c*s - c*w - D_0}{2c}$$

证明：

已知平台效益函数：

$$U_{p_7} = (p - w) * (D_0 - c*p) + s * (D_0 - c*p)$$

根据平台效益函数求一阶导得：

$$\frac{\mathrm{d}U_{p_7}}{\mathrm{d}p} = D_0 - 2*c*p - c*s + c*w$$

令 $U_{p_7}' = 0$，得到 p_7^*：

$$p_7^* = \frac{c*s - c*w - D_0}{2c}$$

将 p_7^* 代入平台和农民的效益函数可得平台与农民的最优效益。

证毕。

为了了解电商平台补贴农民所需要的政府补贴范围,比较电商平台补贴农民(情景 5)和不补贴农民(情景 7)时的最优效益,即当 $U_{p_5}^* > U_{p_7}^*$ 时,平台获得补贴并决定给农民提供补贴支持 r_p。 可以得到政府补贴 s 的范围为：

$$\frac{(b + D_0 - c*(r_p - s + w))^2}{4c} > \frac{(D_0 + c*(s-w))^2}{4c}$$

通过不等式化简并求解得出政府补贴 s 应满足以下条件：

$$s > \frac{2c*w + c*r_p - 2*D_0 - b}{2c}$$

因此在政府补贴电商平台的情景下,为了激励农民选择生产绿色农产品,电商平台为农民提供补贴 r_p,政府需要补贴 $s > \frac{2c*w + c*r_p - 2*D_0 - b}{2c}$。

2.4.4 政府补贴成本分析

为了减少政府补贴成本,在电商平台和农民之间应选择补贴成本较低者。在前序分析中已经得到为了农民生产绿色农产品,政府需要最低补贴农民 s_f 和最低补贴电商平台 s_p,在政府补贴农民的情况下,补贴 s_f 范围为:

$$s_f > \frac{b(C_0 + e - w) + e * (D_0 - cw)}{b + D_0 - cw} \quad 其中(c > 0 \ \& \ b + D_0 > c * w)$$

在政府补贴电商平台的情况下,补贴 s_p 范围为:

$$s_p > \frac{2c * w + c * r_p - 2 * D_0 - b}{2c}$$

可得在补贴农民和补贴电商平台时的最低补贴值与市场对价格敏感度构成关系 $s_f = g(w)$,$s_p = h(w)$。因此分析政府补贴农民和电商平台的决策即可分析 $g(w)$ 和 $h(w)$ 之间的关系。令:

$$g(w) = \frac{b(C_0 + e - w) + e * (D_0 - cw)}{b + D_0 - cw}$$

$$h(w) = \frac{2c * w + c * r_p - 2 * D_0 - b}{2c}$$

可知 $h(w)$ 是关于 w 的一次递增函数,根据 $g(w)$ 的特性,那么存在一个或多个 w_0 使得 $g(w_0) = h(w_0)$。因此令 $g(w) = h(w)$ 解得两个根 w_1,w_2(定理8)。

定理8.

$$w_1 = \frac{5 * b + 4 * D_0 + 2 * c * e - c * r_p - \theta}{4c}$$

$$w_2 = \frac{5 * b + 4 * D_0 + 2 * c * e - c * r_p + \theta}{4c}$$

$$\theta = \sqrt{(17b^2 + 4bce - 2bcr_p - 16C_0bc + 16D_0b + 4c^2e^2 - 4c^2er_p + c^2r^2)}$$

其中 $(c > 0, b + D_0 - cw \neq 0)$。

证明:

政府补贴成本计算公式证明:

已知:

$$g(w) = \frac{b(C_0 + e - w) + e * (D_0 - cw)}{b + D_0 - cw}$$

$$h(w) = \frac{2c * w + c * r_p - 2 * D_0 - b}{2c}$$

对 $g(w)$, $h(w)$ 求一阶导可得如下:

$$g'(w) = -\frac{b(b - cC_0 + D_0)}{(b + D_0 - cw)^2}$$

$$h'(w) = 2c$$

$g(w)$ 函数存在 $w_0 = \dfrac{b + D_0}{c}$ 时, $g(w_0)$ 不存在,因此只能求出该点的极限值为:

$$\lim_{w \to \left(\frac{b+D_0}{c}\right)^-} g(w) = -\infty, \quad \lim_{w \to \left(\frac{b+D_0}{c}\right)^+} g(w) = +\infty$$

因此当 $w \in \left[0, \dfrac{b + D_0}{c}\right] \cup \left(\dfrac{b + D_0}{c}, +\infty\right)$ 时, $g(w)$ 呈递减趋势, $h(w)$ 呈递增趋势,因此 $g(w)$ 和 $h(w)$ 具有交点。由交点位置函数值相同的特性,令 $g(w) = h(w)$,解得两根 w_1, w_2:

$$w_1 = \frac{5 * b + 4 * D_0 + 2 * c * e - c * r_p - \theta}{4c}$$

$$w_2 = \frac{5 * b + 4 * D_0 + 2 * c * e - c * r_p + \theta}{4c}$$

$$\theta = \sqrt{(17b^2 + 4bce - 2bcr_p - 16C_0bc + 16D_0b + 4c^2e^2 - 4c^2er_p + c^2r^2)}$$

证毕。

根据定理 8,可得 s_p 和 s_f 的关系以及政府补贴决策:

当 $0 < w < w_1$ 时, $g(w) > h(w)$；此时农民所需补贴更多,政府应补贴电商平台。

当 $w_1 < w < \dfrac{b + D_0}{c}$ 时, $h(w) > g(w)$,此时电商平台所需补贴更多,政府应补贴农民。

当 $\dfrac{b + D_0}{c} < w < w_2$ 时, $g(w) > h(w)$,此时农民所需补贴更多,政府应补贴电商平台。

当 $w > w_2$ 时, $h(w) > g(w)$；此时电商平台所需补贴更多,政府应补贴农民。

同时根据 $h(w)$ 和 $g(w)$ 的关系,可以确定政府分别补贴农民和电商平台时,所需最低补贴成本。当补贴电商平台时,政府补贴与采购价格呈一次函数关系,因此当采购价格趋向 0 时,政府补贴最低,此时

$$\lim_{w \to 0} h(w) = \frac{c * r_p - 2 * D_0 - b}{2c}$$

当政府补贴农民时,不存在最低的补贴。因为随着政府与农民的采购价格增加,农民需要的补贴减少,因此

$$\lim_{w \to \infty} g(w) = 0 \text{ 或 } \lim_{w \to \left(\frac{b + D_0}{c}\right)^{-}} g(w) = -\infty$$

综上分析,政府补贴成本受政府补贴决策的影响,对电商平台补贴和对农民补贴的成本均不相同。当补贴电商平台时,采购价格越低政府补贴成本越低,但是最低补贴受市场基本需求、市场价格敏感度、市场质量敏感度以及电商平台转移补贴的因素影响。当补贴农民时,采购价格越高政府补贴成本越低,因为当采购价格越高农民生产绿色农产品的效益更大,农民就越容易自发选择生产绿色农产品。政府补贴农民的补贴成本函数存在不可取值点 $w_0 = \dfrac{b + D_0}{c}$,说明当 $w \to w_0^{-}$ 时,政府补贴 $s_f \to -\infty$；当 $w \to w_0^{+}$ 时,政府补贴 $s_f \to +\infty$；综上,对无政府补贴、政府补贴电商平台和农民策略下政府的补贴成本以及电商平台和农民自发博弈选择生产绿色农产品的

条件进行了分析,最后通过对比补贴农民和补贴电商平台需要的最低补贴成本函数,求解出不同情况下政府的补贴成本。

2.5 政府补贴策略的灵敏度分析

仿真分析可以通过模拟模型参数值,模拟政府不同补贴策略下,电商平台和农民的效益变化,政府可以准确地测量不同策略对电商平台和农民的决策影响。政府部门可以通过仿真分析确定何时应该选择补贴电商平台或农民以及合适的补贴数额。本章已经按照无政府补贴、政府补贴农民、政府补贴平台三种情景分类讨论并总结了各种决策下的最优解,并对不同策略下政府的补贴成本进行了计算。

2.5.1 政府补贴与农民、电商平台效益

政府的不同补贴策略下需要的补贴成本不尽相同,由于电商平台和农民的决策独立性,政府需要的补贴激励也会发生变化。图2-5表示政府不同的补贴策略下,农民和电商平台的效益随政府补贴的变化趋势。其中图2-5左侧是政府补贴对农民效益的影响,在政府补贴未达到最低补贴要求时,农民并没有获得补贴因此农民效益保持不变。在政府补贴超过最低补

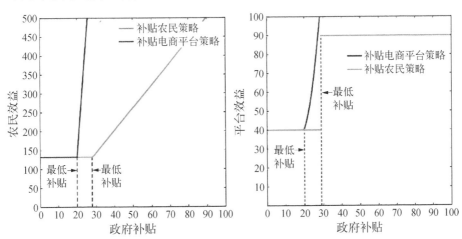

图2-5 政府补贴对电商平台和农民效益影响分析

贴要求后,农民效益线性增加。其中各参数值为$w=12$,$C_0=20$,$e=15$,$d=40$,$c=3$,$r=40$,$s=50$。

如图2-5右侧表示电商平台效益随政府补贴变化趋势。图2-5显示,在政府补贴未达到电商平台最低补贴要求时,电商平台未获得补贴,因此效益没有变化。当政府补贴超过最低补贴时,补贴电商平台策略下的电商平台效益指数增长,同时在补贴农民策略下,在超过最低补贴时农民选择生产绿色农产品并且获得所有补贴,电商平台并没有获得补贴,因此电商平台效益增加的原因是农民生产绿色农产品促进了市场需求增加。将政府两种补贴策略下政府需要的最低补贴成本进行对比,可以发现:在补贴电商平台策略下,农民选择生产绿色农产品的最低补贴更低,同时电商平台选择绿色农产品的最低补贴也更低。因此,从减少补贴成本的角度分析,政府应该补贴电商平台。

2.5.2 市场质量敏感度与政府补贴成本

为了探究市场对质量的敏感度是否会影响农民和电商平台的决策以及政府需要的最低补贴,因此对质量敏感度系数b对政府不同补贴策略下的成本影响进行仿真模拟。图2-6表示在不同政府补贴策略下,政府补贴成本随市场质量敏感度的变化趋势。其中各参数值为$d=4.5$,$w=5.3$,$c=0.55$,$C_0=0.8$,$e=19$,$r=0.1$。

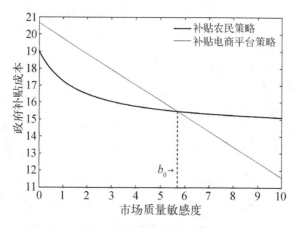

图2-6 市场质量敏感度对政府补贴成本影响

随着市场对农产品质量敏感度增加时,政府在两种补贴策略下的补贴成本都会减少。在质量敏感度 $b < b_0$ 时,政府选择补贴农民策略时补贴成本更低,此时政府应选择补贴农民策略。当质量敏感度 $b > b_0$ 时,政府选择补贴电商平台策略时补贴成本更低,此时政府应选择补贴电商平台策略。

2.5.3 市场价格敏感度与政府补贴成本

市场价格敏感度对农民和电商平台决策都有影响,同时也会对政府的补贴成本产生关系。为了研究市场敏感度变化是否会对政府补贴电商平台和农民时的最低补贴成本产生影响,对市场价格敏感度变量 c 和政府最低补贴进行仿真分析。图 2-7 表示在不同政府补贴策略下,政府补贴成本随市场价格敏感度的变化趋势。为了实现系统仿真,在仿真过程中设置了各参数的值为 $d = 20$, $w = 1.1$, $C_0 = 1$, $e = 2$, $r = 7$, $b = 15$。

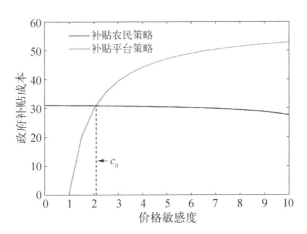

图 2-7 市场价格敏感度对政府补贴成本影响

在政府补贴农民策略下,政府补贴成本随市场对农产品价格的敏感度增加而缓慢下降。在政府补贴电商平台情景下,市场对农产品价格的敏感度会对政府最低补贴成本产生明显影响。随市场价格敏感度增加,政府最低补贴成本逐渐增加,当 $c > c_0$ 时政府补贴成本会超过补贴农民时的最低补贴成本。本章将此趋势解释为,当价格敏感度增加时,市场对农产品价格变化的反应会更加剧烈,因此当生产绿色农产品导致价格上涨时,市场需求变动会更明显导致平台收益下降,因此需要更多政府补贴来弥补收益损失。因此可以总结当消费者对农产品的价格更敏感时,政府应该补贴农民减少补贴成本,当消费者对农产品价格敏感度较低时,政府应该补贴电商平台。

2.5.4 政府补贴与农产品销售量

为了比较两种政府补贴策略下,政府补贴是否对农产品质量提升有实际效果,因此对政府补贴和农产品市场销售量进行灵敏度分析。根据市场需求函数,当农产品质量提升时,农产品市场销售量增加,因此可以通过销售量的变化来预测政府补贴对农产品质量提升的效果。如图 2-8 所示政府补贴对农产品销售量的影响,其中各参数的值为 $d=20$,$w=4.1$,$C_0=1$,$e=2$,$r=27$,$b=15$,$c=0.5$。

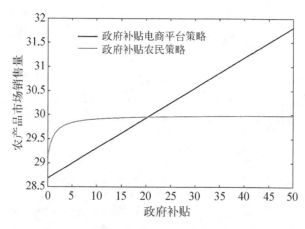

图 2-8 政府补贴对农产品市场销售量的影响

从图中可以看出,在两种策略下,随着政府补贴,农产品的市场销售量均会增加。在政府补贴农民策略下,销售量的增速会逐渐平缓,最终趋于水平。在政府补贴电商平台策略下,销售量呈现线性增加趋势,说明在该策略下,政府补贴越多,农产品质量提升越明显。因此,当政府补贴额度不断增加时,政府应选择补贴电商平台策略。

2.6 本章小结

随着消费者对农产品质量越来越重视,政府对农民和电商平台的相关政策逐渐增多,但是效率、成本仍然是政府需要考虑的重要因素。政府采取不同的补贴政策会对农产品质量保障产生重要影响。因此本章从政府角度研究不同的政府补贴策略下农民和电商平台的农产品生产、销售决策,旨在找到高效且成本更低的农产品质量提升政府引导策略。本章研究的农产品博弈模型主要由政府、电商平台、农民组成,通过博弈理论求解了电商平台和农民的最优决策。政府补贴策略主要有以下三种:无补贴策略、补贴农民策略以及补贴电商平台策略,本章分别对这三种策略下的农民和电商平台决策进行博弈求解,并对博弈结果进行仿真分析,最终得到本章结论。

本章主要结论如下:第一,当政府没有提供补贴政策时,当农产品的市场规模达到一定规模时,电商平台和农民才会对采购价格进行博弈,当农产品采购价格满足电商平台和农民的预期时,农民才会选择生产绿色农产品。第二,比较政府两种补贴策略,政府补贴电商平台策略下电商平台和农民会更快选择生产绿色农产品,政府补贴成本更低,因此政府应选择补贴电商平台策略。第三,当政府补贴平台时,农民可以选择生产绿色农产品并获得平台的绿色生产奖励补贴作为平台转移补贴激励。比较电商平台转移补贴 r_p,农民两种选择下的效益发现平台至少转移补贴数额超过农民生产绿色农产品的利润(利润=生产绿色农产品固定成本一采购价格,假设边际成本为零)。第四,市场对农产品的质量敏感度会影响政府不同补贴策略下的成本。当市场对农产品质量敏感度较低时,政府应选择补贴农民策略;当市场对农产品质量敏感度较高时,政府应选择补贴电商平台策略。第五,市场对农产品价格的敏感度会影响政府最低补贴成本,在其他变量一定时,市场价格敏感度越低,政府选择补贴电商平台策略需要更低补贴成本,应该选择补贴电商平台策略;市场价格敏感度越高时,政府选择补贴农民策略需要更低补贴成本,应该选择补贴农民策略。

第 2 篇

食品生产加工：
食品安全生产的意愿与能力

3

从业人员参与政府性食品安全培训效果

　　近二十年来,我国食品安全事件数量保持一定的发生频率,人源性因素成为造成食品安全事件的主导因素(吴林海等 2022)。食源性人为因素已成为导致我国食品安全问题的主要成因之一(文晓巍等 2018)。而根据《上海市食品安全状况报告》,2018 年至 2021 年上海市共发生了 11 起食品安全事故,均为致病菌污染导致。其中,3 起食物中毒发生原因不明,6 起食物中毒由加工操作环节交叉污染引起,2 起食物中毒由操作人员带菌操作引起。可见,食品加工操作人员的食品安全意识以及食品安全知识在保证食品安全中起着重要作用。2020 年以来,全国多地出现进口冷链食品检出新冠肺炎病毒的情况,凸显出食品安全监管的重要性(聂文静 2022),也彰显出新型冠状病毒感染的肺炎疫情防控工作对于操作人员进货查验、环境卫生、人员管理、烧熟煮透等环节的食品安全知识、意识和行为有了更高的要求(王冀宁等 2019)。

　　回溯过往的文献可以发现,现有研究往往集中于餐饮单位的食品从业人员卫生知识认知情况,而少有针对食品生产单位以及集体用餐配送单位的食品从业人员食品安全知识培训的相关研究。与社会餐饮单位相比,食品生产单位和集体用餐配送单位都具有涉及消费者人数多、一次生产加工的食品量大、食品安全风险高、企业存续时间长、受监管部门监督管理频次高的特点,受监管部门的引导影响更大。而高风险食品单位的从业人员人数更多,岗位职责划分更明确,人员流动性也相对较低,对于高风险食品单位从业人员食品安全知识的要求更高,为高风险食品单位从业人员培训的收益也更大,对于高风险食品单位从业人员参与食品安全知识培训情况的研究也应区分于社会餐饮单位及食品流通单位进行。

此外,现有的针对食品从业人员参与食品安全知识培训效果的研究往往侧重于从业人员的个人特征以及培训方式等,少有将从业人员、培训设计和工作环境三方面的因素结合起来,对于培训效果影响因素的分析来说有一定局限性,目前也少有在此方面的以定量分析为主的实证研究。本章以高风险食品单位及其从业人员作为研究对象,综合上述三个方面的影响因素,通过对某市高风险食品单位从业人员全覆盖问卷调查,结合监管人员日常监管情况,分析得出影响某市高风险食品单位从业人员参与政府性食品安全培训效果的因素。

食品安全是民生问题,高风险食品单位向来是食品安全监管的重点。现有的市场环境中,企业作为市场主体,是主体责任的主要落实者,通过食品安全知识培训提升高风险食品单位的食品安全管理水平、以日常检查结果检验食品安全知识培训的成效,两者相结合的监管手段成为监管部门督促企业落实主体责任的重要举措。2020年起实施的《市餐饮质量安全提升行动实施方案》将加强从业人员培训、强化检查和抽考作为督促从业人员规范操作及提升食品安全管理能力的重点任务。通过研究高风险食品单位从业人员培训效果的影响因素,可以为监管部门采取相应措施,帮助、引导高风险单位更有效地开展培训提供依据。

3.1 从业人员参与意愿的基本假设

高风险食品单位从业人员参与培训有助于其提升食品安全知识,并规范其在日常业务开展过程中的操作行为。因此,提升其参与培训的效果是政府引导政策的目标。从业人员参与食品安全知识培训的效果受到个人、单位和培训系统三个层面的多个因素的影响。结合已有文献和某市高风险从业人员参与政府性食品安全培训的实际情况,本章将影响因素定为学习动机、迁移能力、单位激励、单位氛围、培训条件、培训内容。因此,本章将从上述六个维度来探究其参与政府性食品安全培训的影响因素。

3.1.1 个人因素对培训效果的影响

根据 BF 培训效果模型,受训者的动机、个性和动机等都对培训效果产生影响,迁移动机则正向影响个人绩效。分析经典的培训模型和迁移模型,得出转化动力和学习动力也应纳入个人因素,将会对培训的效果造成影响,且学习动力和转化动力是影响培训效果的两个核心因素(Noe 1986),且个人迁移的动机越强,学习效果越好。学习动机理论将个体学习的动力分为内部和外部两种,内部指对学习本身的意义、价值和兴趣等,外部则指学习外部的原因,如培训带来的升职加薪等。总结已有的实证后得出,受训者的转化动力、转化感知、培训期望、自我效能和学习动力等各维度都对培训结果有着影响(刘建荣 2005)。此外,对于职工就职后在工作中参与的培训,个人的学习动机、期望效用、认同度、迁移能力等均对培训效果造成影响(周卉 2019)。通过分析个体与组织的培训动机匹配的结构构成,可以得出员工意识到培训有利于自己的目标实现、员工对培训内容能较好的理解、组织的整体学习倾向较强时,培训效果更佳(赵慧军 2020)。对于职工培训效果的研究表明职工认为培训能否达成目的、能否优化工作状态均对培训效果造成显著影响(杨希 2021)。

综上所述,尽管不同的学者在研究中选择的侧重点不同,但均认可个人因素中的受训者动机和迁移转化意愿对于培训效果的正面影响。将个人层面的因素定为学习动机和迁移能力。其中,学习动机合并了学习动力、培训期望、认同度等,指受训者参与培训的意愿以及对于培训意义价值的看法;迁移能力则指受训者将培训中所学知识运用到实践中的意愿及行动。最终提出如下假设:

假设 H1a:高风险食品单位从业人员对政府性食品安全培训的学习动机增强了其参与政府性食品安全培训的效果。

假设 H1b:高风险食品单位从业人员对政府性食品安全培训的迁移能力增强了其参与政府性食品安全培训的效果。

3.1.2 单位因素对培训效果的影响

单位因素指受训者所就职的单位本身的环境对于培训效果的影响。根据 BF 培训效果模型,受训者的所在单位的管理者支持和同事支持、执行机会以及技术支持均对培训效果造成影响。总结经典的培训模型,受训者完成工作得到资源支持的程度和受训者将培训所学用于工作得到单位的支持程度均对成果有直接影响(Noe 1986)。学习动机理论的外部动力:培训后的升职加薪也指向单位层面管理者的支持。学习型组织理论认为学习型组织的特征是员工持续学习、知识共享、鼓励学习、明确对学习的奖励等,且理想的学习型组织是否能够建立取决于所在组织的氛围。根据已有的实证,工作环境、环境适合度和转化氛围都成为影响培训效果的重要因素(Lim 2000,刘建荣 2005)。对企业内部从业人员之间的相互影响进行研究,得出同事的主动行为可以激励员工的自主动机和工作绩效(张颖 2022),单位的文化和领导的支持也能促进培训效果(Kerins 2021)。不同学者对于政府组织的农民培训进行实证分析,都得出政府支持激励措施对农民参与政府性培训的效果有着正向激励(周杉等 2017,刘胜林 2020)。

综合已有研究可以发现,受训者感受到所在单位和同事对其参与培训的支持对其参与食品安全知识培训的效果有着正向影响。由于实际中各个高风险食品单位的基地条件和经费投入等指标不具有差异,故而本章中也不选取作为研究因素。故而,本章根据上述理论模型,结合实证研究和实际情况,将单位层面的因素定为单位激励和单位氛围。其中,单位激励指单位对培训效果更佳员工的奖励;单位氛围则合并了单位和员工的支持以及执行机会等,指受训者感受到的所在单位对于培训的重视和支持。最终提出如下假设:

假设 H2a:高风险食品单位从业人员所在单位的单位激励增强了其参与政府性食品安全培训的效果。

假设 H2b:高风险食品单位从业人员所在单位的单位氛围增强了其参与政府性食品安全培训的效果。

3.1.3 培训因素对培训效果的影响

根据 BF 培训效果模型,培训层面的培训方式、培训内容呈现和培训内容均对培训的效果有直接影响。其他经典模型也指出面向成年人的培训内容必须更具有问题导向性,培训设计因素也对其迁移能力造成正面影响。在实证方面,已有的研究包括培训时间、培训师资、教师讲课质量、培训经费、考核难度均直接影响了培训的效果(周佺 2020,杨希 2021)。对于食品从业人员接受食品安全培训的研究表明从业人员参与食品安全培训的效果受到培训内容、培训方式、培训后考核等因素均有影响(李朋波 2016,杨娜莉 2022)。对于职业农民培训效果不佳的原因进行探究,发现培训内容的针对性和实用性不佳、培训师资、培训难度等因素均限制了受训者通过培训提升自身的知识水平(刘胜林 2020),其中授课教师的水平是影响培训效果的深层因素,这也指出了食品药品从业人员参与培训效果的可能影响因素。结合实证研究和实际情况,将培训层面的因素定为培训条件和培训内容。其中,培训条件指受训者接受的培训方式、时长、考核等是否合适;培训内容则指受训者接受的培训内容是否符合工作内容等。最终提出如下假设:

假设 H3a:高风险食品单位从业人员接受的政府性食品安全培训的培训条件增强了其参与政府性食品安全培训的效果。

假设 H3b:高风险食品单位从业人员接受的政府性食品安全培训的培训内容增强了其参与政府性食品安全培训的效果。

对于培训效果的评估,经典的培训效果评估模型包含柯氏四级评估模型和五级评估模型。其中,柯氏四级评估模型包含反映层(学员对内容、讲师、组织的满意度)、学习层(学员对于知识的掌握)、行为层(培训后对行为的改变)、结果层(培训对于整个单位的贡献)。五级评估模型则是在四级模型的基础上进行了完善和扩充。然而,上述评估模型均适用于企业对于其员工进行培训后的效果评估。对于监管部门而言,学习层和行为层才是关注的重点。对于食品安全知识培训,行为层的改变很难量化测量,故而本章仅对高风险食品单位从业人员接受培训后的知识掌握情况做评估。综合上述研究假设,将学习动机、迁移能力、单位激励、单位氛围、培训条件、培训内容六个因素确定为自变量,将培训效果确定为因变量,构建出本章的研究模型(图 3-1)。

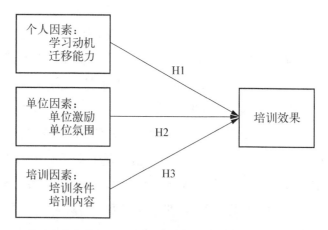

图 3-1　高风险食品单位从业人员参与政府性食品安全培训效果影响因素

3.2　高风险食品单位从业人员的调查设计

关于培训效果影响因素的研究虽然很多,但是由于各个研究的模型假设不同,研究对象的实际情况也不同,所采用的问卷量表也不相同。目前在培训效果影响因素方面暂未形成统一的指标体系,所以本章主要参考已有的研究量表,对多份问卷进行整合,并结合他人的研究成果以及培训现状做了一定的调整。由于目前暂无对食品安全知识培训效果影响因素的实证研究,本章主要借鉴了周卉(2019)对体育经纪人培训效果影响因素的研究(周卉 2019)以及朱亚琼(2015)对建筑业农民工参与安全生产培训效果影响因素的研究。问卷共分为五个部分。第一部分是对人口统计特征设计的题项,主要包含被调查者的年龄、性别、学历、本行业工作年限、岗位、月收入等。第二部分测量高风险食品单位从业人员对于培训后的新冠病毒冷链食品生产经营新冠病毒防控知识掌握情况,共 5 个题项。第三部分测量高风险食品单位从业人员对于食品安全知识培训的态度,主要用于测量个人因素,共 6 个题项。第四部分测量高风险食品单位从业人员参与食品安全知识培训的现状,主要用于测量单位因素和培训因素,共 11 个题项。第五部分是对政府引导措施偏好的调查,共 7 个题项。第三部分和第四部分均用 5 刻度的李克特量表进行程度测量。

3.2.1 个人层面因素的问题设计

3.2.1.1 学习动机的问题设计

对建筑业农民工安全生产培训效果影响因素的研究中认为受训者的学习动力和安全态度对于培训效果有着显著影响。该研究将学习动力定为受训者对待培训的积极性,包含学习态度和参与培训的动力、积极性等因素。其认为对待培训的态度越积极,培训效果越好。其将安全态度定义为对安全的看法和评价,包含安全需要、安全认知、安全行为者三个因素,并认为具有积极安全态度的受训者会更加积极地对待安全培训,获得良好的培训效果(朱亚琼 2015)。在本章中,食品安全生产也是安全生产的一种,故而本章借鉴其关于安全生产培训的部分,而由于高风险食品单位从业人员均按照单位安排参与食品安全培训,故而不研究其参与培训的积极性等因素。故而,本章借鉴朱亚琼关于个人因素的"安全需要""安全认知""学习态度"这 3 个题项,并参考了赵慧军(2020)关于个体—组织培训动机匹配对于培训迁移影响的研究,设计从业人员学习动机问题如下表(表 3 - 1)。

表 3 - 1 学习动机问题设计

测量维度	问题设计	答案与赋值
学习动机 H1a	安全认知:你个人认为食品安全( )	A. 至关重要=5 B. 很重要,但也要和赢利综合考虑=4 C. 在保证赢利的前提下重要=3 D. 遵守法律要求就可以=2 E. 过得去就可以=1
	培训态度:你个人认为食品安全知识培训的必要性如何( )	A. 很必要,是提升食品安全管理水平的关键—5 B. 必要,但是时间无需太长=4 C. 不必要,但是学习一下可以长知识=3 D. 不必要,但这是法律要求的必须完成=2 E. 纯属浪费时间=1

测量维度	问题设计	答案与赋值
学习动机 H1a	培训价值：就你的工作而言，你认为食品安全知识培训对你而言有价值吗？（　）	A. 很有价值＝5 B. 比较有价值＝4 C. 价值一般＝3 D. 价值不大＝2 E. 没有价值＝1
	学习意愿：你愿意参加食品安全知识培训吗？（　）	A. 很愿意＝5 B. 比较愿意＝4 C. 一般＝3 D. 不太愿意＝2 E. 不愿意＝1

资料来源：作者根据已有研究和实际情况梳理设计

3.2.1.2　迁移能力的问题设计

个体有效转化的能力对于其参与食品安全培训的效果有着正向影响（李有为 2021），可以其将有效转化定为将学习到的知识有效转化在实际工作中，以"尝试用培训中学到的知识解决工作中的问题"来测量。其他学者的研究也表明员工培训所学的知识、技能应用于工作的能力对于培训效果有着正向影响（周卉 2019）。在本章中，由于食品生产加工的过程更加偏重于经验，且培训目的更多的是提升从业人员的操作规范，故本章借鉴了陈娟（2021）对于食品企业普通员工食品安全风险行为意向影响因素的研究，将迁移、转化能力定为员工用培训中学到的知识指导、提升工作规范的意愿和能力，由此设计从业人员迁移能力问题如下表（表3－2）。

表3－2　迁移能力问题设计

测量维度	问题设计	答案与赋值
迁移能力 H1b	迁移意愿：你会自行比较培训的内容和实际工作操作的差异吗（　）	A. 总是会＝5 B. 通常会＝4 C. 看情况＝3 D. 只有培训中特意强调才会＝2 E. 不会＝1

测量维度	问　题　设　计	答　案　与　赋　值
迁移能力 H1b	迁移行动:如培训的内容和现行工作习惯不同,你会按照培训内容改变工作习惯吗(　)	A. 会的＝5 B. 不需要付出太多代价的情况下会＝4 C. 不需要付出额外代价的情况下会＝3 D. 只有单位明令要求才会＝2 E. 有要求我也不会改＝1

资料来源:作者根据已有研究和实际情况梳理设计

3.2.2　单位层面因素的问题设计

3.2.2.1　单位激励的问题设计

公司对培训效果好的员工进行奖励对企业员工培训效果有着正向作用(张颖 2022),肖凤翔(2019)对于公司员工参与培训效果影响因素的研究则表明,上级以增加薪酬的方式奖励培训优异员工将极大激励其员工培训的效果。在实际操作中,某市某高风险食品单位曾通过在制度中引入"发现在操作间中不带口罩操作,一次罚款 10 元"解决了夏天员工不带口罩进行食品加工的问题,故而认为对于培训效果不佳的员工进行一定处罚也可能有助于提升培训效果。参考上述研究以及实际情况,设计从业人员所在单位的单位激励问题如下表(表3-3)。

表 3-3　单位激励问题设计

测量维度	问　题　设　计	答　案　与　赋　值
单位激励 H2a	单位奖励:你是否听说过有同事在食品安全培训考核中表现突出,是否曾因此受到奖励(　)	A. 听说有同事收到过增加当月奖金等重要奖励＝5 B. 听说有同事收到过张榜公示、口头表扬等奖励＝4 C. 没听说有同事因此收到奖励＝3 D. 不反馈结果＝2 E. 无考核＝1

测量维度	问题设计	答案与赋值
单位激励 H2a	单位处罚：你是否听说过有同事未参加培训或未通过食品安全知识考核，是否曾因此受过处罚（　）	A．听说有同事受到过严重的处罚＝5 B．听说有同事受到过较严重的处罚＝4 C．听说有同事受到过较轻微的处罚＝3 D．不会有处罚＝2 E．无考核或不反馈结果＝1

资料来源：作者根据已有研究和实际情况梳理设计

3.2.2.2　单位氛围的问题设计

对于在职员工接受政府组织的职业能力提升培训的研究表明员工感受到的学习氛围、目标线索和领导支持程度与培训效果的正相关关系最为显著，其将学习氛围定为学员间互相学习共同进步的氛围，将目标线索定为单位对员工培训设定的目标。但其未对领导支持程度做一个具体的可测量的表述（周卉 2019）。故本章结合了武琳瑶（2022）对影响培训效果组织因素的研究，将领导支持程度定为受训者感受到的单位支持其将培训成果转化到工作中所愿意付出的资源。综上，设计从业人员所在单位的单位氛围问题如下表（表 3 - 4）。

表3-4　单位氛围问题设计

测量维度	问题设计	答案与赋值
单位氛围 H2b	学习氛围：你和同事参加食品安全知识培训的时候是否会一起讨论，互相支持互相进步（　）	A．总是如此＝5 B．通常如此＝4 C．看情况＝3 D．很少讨论＝2 E．不讨论＝1
	单位支持：你认为单位是否会因为食品安全知识培训的反馈内容改变工作章程（　）	A．一定会＝5 B．可能会＝4 C．说不好＝3 D．可能不会＝2 E．一定不会＝1

测量维度	问题设计	答案与赋值
单位氛围 H2b	目标线索：你是否清楚单位给你们设定的年度培训目标（ ）	A. 很清楚＝5 B. 知道有目标也知道在哪里可以查询到或问谁＝4 C. 仿佛有听说＝3 D. 不清楚＝2 E. 没有设定目标＝1

资料来源：作者根据已有研究和实际情况梳理设计

3.2.3 培训层面因素的问题设计

3.2.3.1 培训条件的问题设计

培训设计对于培训效果有着显著影响，朱亚琼（2015）其将培训设计定义为培训内容的针对性、培训内容的难易程度、培训形式和培训时间点的安排。其他相关研究也表明，培训费用和培训时间显著影响受训者的培训效果（杨月坤 2021），职业农民在接受培训时，培训后考核的难度也对其培训效果造成影响（刘胜林 2020）。徐璞（2020）认为上海市食品生产企业占用员工休息时间安排培训影响员工参与培训的效果。在本章中高风险食品单位从业人员均免费参与培训，故不对培训费用等进行分析。综上，设计从业人员接受培训的培训条件问题如下表（表 3-5）。

表 3-5 培训条件问题设计

测量维度	问题设计	答案与赋值
培训条件 H3a	培训时间：你在单位中接受食品安全知识培训时是否占用业余时间（ ）	A. 从不占用或完全可接受＝5 B. 很少占用或基本可接受＝4 C. 有时占用或勉强可接受＝3 D. 经常占用或不太能接受＝2 E. 总是占用或不可接受＝1

测量维度	问题设计	答案与赋值
培训条件 H3a	培训形式：你认为你单位的食品安全培训和考核形式（　　）	A. 比较方便＝5 B. 略有不便＝4 C. 时有不便＝3 D. 常有不便＝2 E. 太不方便了＝1
	培训难度：你认为你单位的食品安全培训后的考核（　　）	A. 贴合培训内容，听课后即可通过＝5 B. 略有"超纲题"，需花费一点努力即可通过＝4 C. 时有"超纲题"，需花费一定努力方可通过＝3 D. 常有"超纲题"，需花费较多努力方可通过＝2 E. 太难了，难以完成＝1

资料来源：作者根据已有研究和实际情况梳理设计

3.2.3.2　培训内容的问题设计

培训内容与工作联系紧密、培训对于提升工作有着较强针对性，以及培训讲师专业知识强、态度认真均有助于提升培训效果（周卉2019）。朱亚琼（2015）的研究也表明教学师资与培训效果有显著相关，其将教学师资定义为培训教师的个人能力、授课态度和授课方法，培训场所和教学设施。在本章中高风险食品单位从业人员参与培训的场所均为本单位，故不对培训地点和教学设施等进行分析。综合两人的问卷以及实际情况，设计从业人员接受培训的培训内容问题如下表（表 3－6）。

表 3－6　培训内容问题设计

测量维度	问题设计	答案与赋值
培训内容 H3b	培训内容匹配：你认为你单位现在的食品安全培训内容（　　）	A. 和日常工作关系紧密＝5 B. 和日常工作关系较大＝4 C. 和日常工作关系一般＝3 D. 和日常工作关系较少＝2 E. 和日常工作没有关系＝1

测量维度	问题设计	答案与赋值
培训内容 H3b	培训讲师:你觉得你单位食品安全培训的授课人员讲课讲得好吗(　)	A. 讲得很好,又专业,也能听懂=5 B. 可以接受=4 C. 一般=3 D. 不怎么样,讲不清楚或者听不懂=2 E. 太差了=1
	培训提升工作:你认为你单位现有的食品安全培训内容是否对你的工作有提升(　)	A. 对我的工作有明显提升=5 B. 对我的工作提升效果不明显=4 C. 对我的工作没有助益,但可以一听=3 D. 对我的工作没有助益,但可以趁机休息一下=2 E. 纯属浪费时间=1

资料来源:作者根据已有研究和实际情况梳理设计

3.2.4　培训效果的问题设计

2020 年底,国务院应对新型冠状病毒感染疫情联防联控机制综合组发布了《冷链食品生产经营新冠病毒防控技术指南》以及《冷链食品生产经营过程新冠病毒防控消毒技术指南》(两者合计简称《技术指南》,下同),制作培训讲义后对各高风险食品单位的水平安全管理员进行培训,并要求各高风险食品单位对从业人员进行专题培训。各企业完成培训任务后的 1 个月,发放问卷测量培训效果。由于此前暂未有统一、官方的国家层面的技术指南下发至各高风险食品单位,本章中认定各高风险食品单位从业人员此前未系统掌握相关知识,以此次得分来测量培训效果。结合日常监管结果,在问卷中针对两部《技术指南》的知识点设计了 5 个相对重要的问题(表 3-7),答对 1 题计 1 分。本章设计的 5 个问题是从业人员培训的基本问题。本章研究过程中,将是否及格(即)作为食品安全知识培训效果测量的评价依据。由于培训效果为二分类变量,在后文回归分析中采用了逻辑回归作为实证分析的基本方法。

表 3-7 培训效果问题设计

测量维度	问题设计	答案与赋值
培训效果	1. 加工以下哪类食品后需要彻底清洁后方可消毒（ ）	A. 番茄＝0 B. 鸡蛋＝1 C. 大米＝0 D. 苹果＝0
	2. 以下可以使用含氯消毒剂消毒的是（ ）	A. 果蔬＝1 B. 金属＝0 C. 蓝色织物＝0 D. 易燃物＝0 E. 以上都可＝0
	3. 使用含氯消毒剂消毒普通物体表面,一般用多少浓度的（ ）	A. 100 ppm＝0 B. 150 ppm＝0 C. 200 ppm＝0 D. 250 ppm＝0 E. 500 ppm＝1
	4. 使用含氯消毒剂消毒低温冷藏物体表面,一般用多少浓度的（ ）	A. 100 ppm＝0 B. 250 ppm＝0 C. 500 ppm＝0 D. 1 000 ppm＝1 E. 2 000 ppm＝0
	5. 以下正确的是（ ）	A. 使用高浓度消毒剂喷洒物体表面时只需佩戴口罩和手套＝0 B. 使用高浓度消毒剂喷洒物体表面时要注意防火＝1 C. 可以使用高浓度消毒剂喷洒拆包后的食品内袋＝0 D. 以上均正确＝0 E. 以上均不对＝0

资料来源:作者根据《冷链食品生产经营过程新冠病毒防控消毒技术指南》设计

3.2.5 政府引导措施的问题设计

在问卷的第五部分,针对从业人员对于政府引导措施的偏好设计了 7 个问题(问题见附录),参考朱亚琼(2015)和李有为(2021)的研究结果,组织支持、组织培训氛围、培训动机、自我效能、培训内容和方法、讲师水平等因素对于从业人员的培训结果有着影响。然而,在政府引导的角度来说,政府部门难以直接影响组织培训氛围、自我效能等,故而从培训内容和方法、组织支持、讲师水平等方面从业人员的偏好设计了问题,主要测量了从业人员偏好的培训人员、培训频次、培训内容、培训课程、减免培训费用的支持效果、强化食品安全知识培训价值的效果,并调查了某市已有的线上培训平台"食安课堂"的不足,以期进一步了解从业人员的想法,与实证分析的结果互相印证,为政府部门更好地指导、助力高风险食品单位提升培训效果提供思路和数据支持。此部分不参与本章的模型构建,仅为对策和建议提供支持。

3.3　问卷发放与培训效果测量结果统计

3.3.1　问卷发放

2017 年 10 月 31 日,上海市食品药品监督管理局编制、发布的《上海市食品从业人员食品安全知识培训和考核管理办法》(以下简称"《管理办法》")中明确提出了对食品生产经营者的培训时长、培训内容、考核要求等的要求,该《管理办法》自 2017 年 12 月 15 日起施行。食品安全知识培训是食品安全规制的一种手段(王阿妮等 2020),推行食品安全知识培训,不仅是法律法规的要求,还可以有效提升食品生产经营者规范经营的意识,节约执法成本,提升执法效率(朱宇 2016)。为此,上海市场监管部门对于高风险食品单位开展培训的教材进行了规定,各单位除必须开展《中华人民共和国食品安全法》《上海市食品安全条例》等必学法律法规知识培训外,根据工作和辖区实际情况为高风险食品单位指定"疫情期间对于进口冷链食品、食品原料的有效脱包、消毒方法等""春夏季预防食物中毒"等专项培训内容,指导各食品生产经营单位自行组织培训并通过日常检查以及组织从业人员进行笔试等方式对培训效果进行考核。因此,设定问卷的调研对象是上海市高风险食品单位的从业人员。

根据研究框架初步完成问卷设计后,对各高风险食品生产经营单位的 7 名食品安全管理员进行了预调研。听取调研者意见,经导师指导后,结合实际情况对问卷进行了调整。考虑到问卷发放效率、各单位的生产实际以及部分员工可能不适应线上问卷平台,正式问卷采用纸质问卷与线上平台结合的方式发放。为保证问卷发放的回收率,结合定期的日常监管以及每年一次的食安员抽考,委托各高风险食品单位的食品安全管理员发放问卷。按照工作计划,在两部《技术指南》的培训任务布置后的 1 个月内开展调查,由被调查者自行选择纸质问卷或通过问卷星线上调查。为减少受访者顾虑,此次问卷调查通过匿名方式进行。问卷在 1 周内发放、回收完毕,共收回问卷 297 份,基本实现对某市高风险食品单位从业人员全覆盖。以"问题遗漏""同一问题填写 2 个及以上的答案"为标准对无效问卷进行排查,未发现无效问卷。

3.3.2 食品安全知识培训效果测量结果统计

为更好进行分析,笔者首先对问卷进行统计、赋值和处理。对人口统计学变量进行描述性分析。一方面测量调查结果与实际情况比较是否相匹配,对问卷的真实性再做一次检验,另一方面了解各高风险食品单位从业人员在不同个人特征分类中的分布。对各个选项进行赋值,以便进行下一步的分析。同时,将个别选项较少的结果进行合并,使结果更意义(表 3-8)。

表 3-8 人口统计学变量赋值与描述性分析

变 量	赋 值	频 数	百分比%
性别	女＝0	141	47.5
	男＝1	156	52.5
年龄	18～30 岁	50	16.9
	31～40 岁	63	21.2
	41～50 岁	99	33.3
	51～60 岁	85	28.6
最高学历	初中及以下	97	32.7
	高中	31	10.4
	专科	118	39.7
	本科	44	14.8
	硕士及以上	7	2.4

变　量	赋　值	频　数	百分比%
岗位	生产岗位	179	60.3
	储运岗位	30	10.1
	采购岗位	25	8.4
	质控岗位	27	9.1
	管理岗位	36	12.1
平均税后月收入(元)	2 000~4 000	59	19.9
	4 001~6 000	81	27.3
	6 001~8 000	117	39.4
	8 001~10 000	23	7.7
	10 001~12 000	10	3.3
	12 000 以上	7	2.4
本行业从业时间	0~10 年	179	60.3
	11~20 年	93	31.3
	21~30 年	20	6.7
	31~40 年	5	1.7
婚姻状况	未婚(含离异)=0	21	7.1
	已婚=1	276	92.9
合计		2 976	

数据来源：问卷调查

本次调查样本中，共有女性 141，占比 47.5%，男性 156 人，占比 52.5%。主要年龄段在"41~50 岁"以及"51~60 岁"，分别占比 33.3%和 28.6%。这可能是因为高风险食品单位的一线生产岗位、仓储岗位和进货岗位技术含量相对不高，工作重复劳动多、职业发展不佳、员工进步不大、体力要求相对较低且工作压力较小、工作薪酬较低，使得高风险食品单位的一线生产岗位、仓储岗位和进货岗位难以吸引年轻一代的就业者。在调查样本中，"生产岗位"人数最多，占 60.3%。此外，"质控岗位"和"管理岗位"虽然分别只占 9.1%和 12.1%，但该比例已远远超过普通餐饮服务单位和食品销售单位的岗位占比，是由于高风险食品单位的业态不同导致的岗位设置偏重不同。结合高风险食品单位从业人员的岗位划分和受教育程度可以看出,本次调查样本中,"专科"学历和"初中及以下"学历较多,分别占比 39.7%和32.7%。这也符合之前描述的高风险食品单位人数最多的一线 生产岗位、仓储岗位和进货岗位的特点。

本次调查样本中,不同高风险食品单位的从业人员收入存在一定差异 (表3-8)。从业人员的收入以"6 001~8 000元"每月为主,占39.4%,仅有 少数管理人员的月收入较高。根据2021年7月2日上海市人力资源和社 会保障局公布的数据,上海市2020年度全口径城镇单位就业人员平均工资 为10 338元/月。扣除税后,目前认为高风险食品单位从业人员的收入在 上海市属于平均偏低的水平,与从业人员的岗位、年龄和受教育程度等描述 性分析中的情况基本相符。本次调查样本中,从业人员从事本行业的从业 时间从1年到40年不等,平均为10.75年。其中,从业时间与从业人员的 年龄基本成正比。可以看出,相比于流动性较大的普通餐饮服务单位和食 品销售经营单位,在高风险食品单位工作的从业人员相对较稳定,这也使得 对其进行食品安全知识培训设立年度计划成为可能。已有研究表明,工作 转换使得通过技能培训得到的人力资本在新工作中无法使用,造成人力资 本的损耗,故而提升高风险食品单位从业人员参与食品安全知识培训的效 果也更有意义(张世伟和张君凯 2022)。

分别对各个题项进行了赋值,为便于统计,赋值时将A至E分别定义 为5至1,使得数据上,数值越大表明该项测量的项目越强。对学习动机、 迁移能力、单位激励、单位氛围、培训条件、培训内容六个变量的各个题项进 行描述性统计,简单分析各个题项的基本水平,以便进行下一步的数据 分析。

根据表3-9的统计结果,用于测量学习动机的4个题项安全认知、培 训必要、培训价值、学习意愿的均值分别为4.822、4.818、4.855和4.818,用 于测量迁移能力的题项迁移意愿和迁移行动的均值为4.727和4.744,说 明调查对象的学习动机和迁移能力总体处于较高水平。究其原因,可能是 高风险食品单位的从业人员相对流动性较低,经过反复宣传和强调已经认 识到食品安全的重要性和本单位的高风险属性,故而比较认可培训的价值 等,按照"知—行—信"理论,在信念较好的前提下,如果知识水平提升,则可有效实现行动的改变。用于测量单位激励的题项单位奖励和单位处罚均值分别为 4.027 和 4.017,用于测量单位氛围的题项学习氛围、单位支持和目标线索的题项均值分别为 4.754、4.744 和 4.764,其中单位激励的均值是所有解释变量中最低的,而单位奖励又比单位处罚略高;但单位氛围的水平却较高,说明总体上说受访地区的高风险单位对于食品安全培训更多采用鼓励、支持、宣传等手段,而落实到物质奖励或物质处罚等的制度性激励措施相对较少。用于测量培训条件的题项培训时长、培训形式和考核难度的均值分别为 4.498、4.461 和 4.478,而用于测量培训内容的题项培训内容匹配、培训讲师和培训提升工作的均值分别为 4.616、4.633 和 4.603,培训条件的水平相对较低而培训内容的水平相对较高。

表 3-9　解释变量各题项描述性分析

	样本量	平均值	标准差	峰　度	偏　度
安全认知	297	4.822	0.485	12.636	−3.288
培训必要	297	4.818	0.527	16.152	−3.659
培训价值	297	4.855	0.446	15.044	−3.635
学习意愿	297	4.818	0.466	8.440	−2.803
迁移意愿	297	4.727	0.623	8.127	−2.685
迁移行动	297	4.744	0.606	6.414	−2.568
单位奖励	297	4.027	0.809	−1.470	−0.049
单位处罚	297	4.017	0.795	−1.414	−0.030
学习氛围	297	4.754	0.567	3.687	−2.215
单位支持	297	4.744	0.541	3.175	−2.035
目标线索	297	4.764	0.537	3.942	−2.227
培训时长	297	4.498	0.627	0.793	−1.030
培训形式	297	4.461	0.735	1.690	−1.383
考核难度	297	4.478	0.648	1.041	−1.083
培训内容匹配	297	4.616	0.673	2.624	−1.766
培训讲师	297	4.633	0.660	3.031	−1.848
培训提升工作	297	4.603	0.681	2.363	−1.704

数据来源:问卷调查

3.4　政府性食品安全培训效果影响因素的实证分析

本章通过因子分析对问卷进行降维处理，并对问卷整体以及多个维度分别进行信度、效度的检验，对变量进行描述统计并根据研究假设，分别以学习动机、迁移能力、单位激励、单位氛围、培训条件、培训内容为变量构建模型并验证，分析各因子对于高风险食品单位从业人员参与加政府性食品安全培训效果的影响程度，为对策建议形成参考依据。

3.4.1　测量变量的信效度检验

信度是测量工具能否稳定地测量到所需数据的程度，即测量的稳定性和一致性。一般使用问卷进行调查时，需要对问卷进行信度检验，避免因为问卷本身的缺陷、受访者的理解偏差、受访者不愿给出真实答案等原因产生调查结果的误差。Cronbachα 系数在 0.90 以上，则该测验的信度甚佳，0.80 是可接受的最小信度数值，Nunnally 等则将该"最小接受值"定在0.7。本章中将 Cronbachα 系数值大于 0.7 定为可接受。对总量表进行Cronbachα 系数，研究发现总量表的整体信度 Cronbachα 检验值为 0.920，此量表的整体信度甚佳。

因子载荷系数(factor loading)值展示因子(潜变量)与分析项(显变量/测量项)之间的相关关系情况，一般认为如果某项呈现出显著性，且标准载荷系数值大于 0.7，则说明有着较强的相关关系；如果某项没有呈现出显著性，也或者标准载荷系数值较低(比如低于 0.4)，则说明该项与因子间关系弱。对本章的因子载荷系数(表 3 - 10)进行分析，标准载荷系数最小为0.713，最大为 0.977，均大于 0.7 且均呈现出显著性，因而说明整体上看，因子与测量项之间有着良好的对应关系，聚合效度较好。

聚合效度(convergent validity)是指运用不同测量方法测定同一特征时测量结果的相似程度，即不同测量方式应在相同特征的测定中聚合在一起。为测量问卷整体的聚合效度，进行验证性因子聚合效度分析，得出整个模型的平均方差萃取 AVE 和组合信度 CR 指标(表 3 - 11)。可以看出各个维度的平均方差萃取 AVE 值最小的是 0.564,最大的是 0.945,均大于 0.5,而组合信度 CR 值最小为 0.838,最大的是 0.972,均大于 0.7,结合因子载荷系数的分析结果,说明本次测量量表数据具有良好的聚合效度。

表 3-10　因子载荷系数

Factor (潜变量)	测量项 (显变量)	非标准载荷系数(Coef.)	标准误 (Std. Error)	z (CR 值)	p	标准载荷系数 (Std. Estimate)
学习动机	安全认知	1.000	—	—	—	0.734
	培训必要	1.204	0.090	13.390	0.000	0.813
	培训价值	0.926	0.076	12.196	0.000	0.740
	学习意愿	0.932	0.079	11.745	0.000	0.713
迁移能力	迁移意愿	1.000	—	—	—	0.885
	迁移行动	1.058	0.055	19.286	0.000	0.963
单位激励	单位奖励	1.000	—	—	—	0.967
	单位处罚	0.993	0.037	27.072	0.000	0.977
单位氛围	学习氛围	1.000	—	—	—	0.893
	单位支持	0.813	0.051	15.978	0.000	0.761
	目标线索	0.951	0.047	20.377	0.000	0.896
培训条件	培训时长	1.000	—	—	—	0.913
	培训形式	1.175	0.045	26.225	0.000	0.915
	考核难度	1.078	0.037	29.055	0.000	0.953
培训内容	培训内容匹配	1.000	—	—	—	0.805
	培训讲师	1.035	0.064	16.172	0.000	0.851
	培训提升工作	1.085	0.066	16.459	0.000	0.865

数据来源:问卷调查

表 3-11　验证性因子聚合效度分析

Factor	平均方差萃取 AVE 值	组合信度 CR 值
学习动机	0.564	0.838
迁移能力	0.856	0.922

Factor	平均方差萃取 AVE 值	组合信度 CR 值
单位激励	0.945	0.972
单位氛围	0.727	0.888
培训条件	0.859	0.948
培训内容	0.707	0.878

数据来源：问卷调查

3.4.2　食品安全培训效果影响因素的回归分析

采用分部回归的方式进行回归分析。首先分析人口统计学变量（性别、年龄、学历、岗位、收入、从业时间、婚姻状况）对培训效果的影响。将人口统计学变量设为自变量，是否合格设为因变量进行逻辑回归分析（表 3-12）。模型的 R 方值为 0.343，说明人口统计学变量对于培训效果有 34.3% 的解释变化能力。在回归分析中培训及格作为参照组，不及格为测试组，表 3-12 显示了人口统计学变量对于培训效果的影响。年龄、管理岗位、收入、从业时间的 p 值均小于 0.05，说明这些变量在 0.05 的置信水平上对于培训效果产生影响，但加入解释变量后进一步分析发现只有年龄对于培训效果的影响具有稳健性。即，当增加其他解释变量时，收入、从业时间和从事岗位对于培训效果的影响不再显著。由于收入、从业时间和从事岗位仅代表了在工作中的基本状态，培训效果取决于内在因素（如智力、理解能力等）和外在因素（学习时间、学习态度等）。收入、从业时间和从事岗位在一定程度上会影响到对工作内容的看法，但是它们不能通过对外在因素的影响来影响到对政府性培训的效果。因此，本章倾向于认为收入、从业时间和从事岗位对培训效果没有影响。与此同时，培训效果也取决于内在因素，其中年龄是一个重要的人口统计学变量和内在因素，在回归模型中（表 3-12）都发现年龄显著地正面影响到培训效果。

把人口统计学变量作为控制变量纳入模型，将学习动机、迁移能力、单位激励、单位氛围、培训条件、培训内容 6 个解释变量作为自变量进行逻辑回归(表 3-13)。模型的 R 方值为 0.693,说明解释变量对于培训效果有69.3%的解释变化能力。培训内容的回归系数为 3.394,p 值小于 0.001,说明培训内容对于培训效果有着显著正向影响;培训条件的回归系数为2.021,p 值小于 0.001,说明培训条件对于培训效果有着显著正向影响;单位激励的回归系数为 4.994,p 值小于 0.001,说明单位激励对于培训效果有着显著影响。而学习动机、迁移能力、单位氛围 3 个解释变量以及其余人口统计学变量的 p 值均大于 0.05,说明这些变量对于培训效果均无影响。

表 3-12 人口统计学变量对培训效果的回归分析

	B	标准误差	瓦尔德	显著性	Exp (B)	EXP(B) 的 95% 置信区间	
						下限	上限
年龄	0.875	0.186	22.238	**0.000**	2.399	1.667	3.451
性别(男)							
女	0.159	0.327	0.236	0.627	1.172	0.618	2.225
学历	−0.303	0.175	3.005	0.083	0.739	0.525	1.040
岗位(管理岗)							
生产岗位	−1.141	0.524	4.746	**0.029**	0.319	0.114	0.892
储运岗位	−1.242	0.736	2.851	0.091	0.289	0.068	1.221
采购岗位	1.070	0.683	2.451	0.117	2.916	0.764	11.129
质控岗位	−1.025	0.728	1.983	0.159	0.359	0.086	1.494
收入	−0.623	0.182	11.680	**0.001**	0.536	0.375	0.767
从业时间	−0.111	0.027	16.824	**0.000**	0.895	0.848	0.944
婚姻(已婚)							
未婚	1.775	0.730	5.908	0.015	5.902	1.410	24.703
常量	1.187	1.033	1.320	0.251	3.276		
考克斯-斯奈尔 R 方	0.343						
内戈尔科 R 方	0.465						
N	297						

数据来源:问卷调查

表 3－13　解释变量对培训效果的回归分析

	B	标准误差	瓦尔德	显著性	Exp (B)	EXP(B) 的95% 置信区间	
						下限	上限
培训内容	3.394	0.863	15.461	**0.000**	29.783	5.486	161.687
学习动机	1.668	1.013	2.709	0.100	5.299	0.727	38.606
培训条件	2.021	0.556	13.212	**0.000**	7.547	2.538	22.442
迁移能力	−0.537	0.502	1.144	0.285	0.584	0.218	1.564
单位氛围	0.179	0.547	0.107	0.743	1.196	0.410	3.492
单位激励	4.994	1.081	21.335	**0.000**	147.491	17.722	1 227.509
年龄	1.576	0.658	5.740	**0.017**	4.834	1.332	17.544
性别							
女	−0.636	1.067	0.354	0.552	0.530	0.065	4.291
学历	−0.222	0.505	0.194	0.659	0.801	0.298	2.152
岗位（管理岗）							
生产岗位	0.810	1.598	0.257	0.612	2.247	0.098	51.464
储运岗位	0.212	2.418	0.008	0.930	1.236	0.011	141.462
采购岗位	1.646	2.405	0.468	0.494	5.187	0.046	578.625
质控岗位	2.315	1.807	1.640	0.200	10.120	0.293	349.456
收入	−0.088	0.483	0.034	0.855	0.915	0.355	2.358
从业时间	−0.125	0.077	2.651	0.103	0.882	0.759	1.026
婚姻（已婚）							
未婚	1.990	2.060	0.933	0.334	7.318	0.129	414.962
常量	−4.046	3.653	1.227	0.268	0.017		
考克斯-斯奈尔 R 方	0.693						
内戈尔科 R 方	0.938						
N	297						

数据来源：问卷调查

　　回归分析可以发现培训条件和培训内容都是培训层面的问题，他们对于培训效果具有显著正面影响。与此同时，回归分析发现单位的氛围对于培训效果没有影响，但是单位的激励具有显著的影响。作为理性的决策者，物质激励比精神鼓励更具有激励效果。同时，也一定程度上反映了食品从业单位工作人员的教育程度不高、工资水平普遍较低的客观事实。在这种情况下,物资的奖惩对于单位员工的行为规范具有显著的影响作用。本章研究发现,单位对于培训效果的奖惩对培训效果的影响(回归系数为4.994)比其他影响因素(如培训内容、培训条件等)的影响力度都大。

根据回归分析,得到如下结果:

高风险食品单位从业人员政府性食品安全培训的学习动机不会增强其参与政府性食品安全培训的效果。高风险食品单位从业人员对政府性食品安全培训的迁移能力,以及所在单位的单位氛围也都不会增强了其参与政府性食品安全培训的效果。相反,高风险食品单位从业人员所在单位的单位激励增强了其参与政府性食品安全培训的效果:成立。与此同时,高风险食品单位从业人员接受的食品安全知识培训的培训条件和培训内容增强了其参与政府性食品安全培训的效果。

3.5 研究结论与对策建议

上一节之中,笔者通过对某市高风险食品单位从业人员回收的调查问卷进行数据分析,找出了影响某市高风险食品单位从业人员参与政府性食品安全培训效果的影响因素。本章主要根据描述性分析结果以及各因素与培训结果实证分析结果,综合得出研究结论。并根据结论,就政府部门如何更好引导、帮助高风险食品单位从业人员参与政府性食品安全培训提出建议,为政府部门精准施策提供参考。

3.5.1 研究结论

首先,个人因素不是政府性食品安全培训效果的核心影响因素。在从业人员个人层面,从业人员的学习动机和迁移能力对其参与政府性食品安全培训效果的影响均不显著,两个假设不成立。这表明从业人员参与培训的意愿、对培训价值的看法以及将培训中所学知识运用到实践中的意愿及行动的提高难以提升其参与培训的效果。已有的研究一般认为学习动力和转化动力是影响培训效果的两个核心因素(Noe 1986),且个人迁移的动机越强,学习效果越好,但本章的实证结果没有证实。可能的解释是在实际工作中,对从业人员而言食品安全等概念性态度仍与其生活、工作相距甚远(陈娟 2021)。此外,根据人口统计学变量的描述性分析结果,某市高风险食品单位的从业人员多为 40 岁以上,且最高学历多为"专科"学历和"初中及以下"学历,按照成人学习理论,成年人的学习动机更受其社会角色影响,看重实用性(贾明宇 2018),对比单位激励作用对于从业人员参与食品安全培训效果的显著作用,结合学习动机理论(Noe 1986)可以看出,对于某市高风险食品单位从业人员而言,参与政府性食品安全培训的外部动机远远大于内部动机。因此可以启发监管部门在对从业人员进行食品安全培训宣传时,多讲现实案例,引导从业人员意识到食品安全培训可实际对其工作起到防范风险、提升食品安全管理水平的功效。

其次,从业人员参与政府性食品安全培训效果的单位层面影响因素。在单位层面,从业人员所在单位的单位激励对其参与政府性食品安全培训的效果有显著影响,这表明从业人员参与政府性食品安全培训的效果受其感知到本单位对其在食品安全知识培训中表现较好的奖励以及单位对其在食品安全培训中表现不佳的处罚的正向影响;而其感知到的单位同事间的相互促进学习的氛围、单位愿意根据培训效果改变公司章程的决心以及其对于单位设定的食品安全知识培训目标的了解都对其参与食品安全知识培训的效果无影响。这与已有的对于学习型组织(郝英奇 2021)、个体与组织的培训动机匹配(赵慧军 2020)不同。据了解,部分高风险食品单位将培训时间定为从业人员的业余时间,故而从业人员同事间的学习氛围并不浓郁,且从业人员对于其所在单位对食品安全知识培训的重视程度并不在意。但当从业人员感受到单位对于在食品安全知识培训中表现较好的从业人员有实际奖励,或是对于在食品安全知识培训中表现不佳的从业人员有实际处罚,无论是听说他人还是自己收到奖励或被处罚,都将能极大地激励从业人员认真参与食品安全培训与考核;对比单位激励和单位氛围,认为某市高风险食品单位的从业人员比起精神奖励、氛围环境等更加重视金钱等物质奖励,这也与已有的对于医生(朱丽丽等 2016)在岗培训研究成果相匹配。这也启发监管部门可以指导企业加强物质奖励或处罚,或通过政策加强对企业更好完成培训的奖励以引导其采用激励的策略等手段加强单位激励因素。

最后,从业人员参与政府性食品安全培训效果受到培训层面因素的影响。在培训层面,从业人员所受培训的培训内容和培训条件都对其参与政府性食品安全培训的效果有显著影响,这表明从业人员接收培训的内容与工作越相关、讲师水平越高、越能促进工作提升其参与政府性食品安全培训的效果就越好;且其接受的培训方式方便、培训时间可接受、考核难度适中等也能显著提升其参与政府性食品安全培训的效果。其他学者对在职人员参与工作技能培训的研究也表明培训条件实际上影响了从业人员获取知识通道(杨月坤 2021),同时当培训占用其业余时间或是培训形式对于从业人员不便利或是考核太难以至于起不到很好的激励、检测结果时,培训内容再好也很难起到促进作用(刘胜林 2020)。结合迁移能力对食品安全知识培训效果的影响并不显著,认为目前来说某市高风险食品单位从业人员自主将培训成果应用到工作的能力并不强,而需要通过培训内容的精心设计来提升效果,同时对于食品安全知识培训讲师的要求也因之提高了。故而,监管部门在制定政府性食品安全培训内容时,应注意贴合实际,加强内容的针对性和可操作性;同时应开发便捷的培训方式,尽量不占用业余时间,并在考核时设计贴合培训内容以及工作实际的题目。

3.5.2 政策建议

本章通过对高风险食品单位从业人员参与政府性食品安全培训效果的影响因素进行实证分析,得出相应结论:高风险食品单位从业人员感知到的单位激励、培训内容和培训条件对其培训效果有显著影响。为此,提出相应对策和建议。

3.5.2.1 提升培训激励效果

在本章中,从业人员感知到的单位激励因素是对其培训效果影响最大的因素,究其背后的原因,是高风险食品单位的从业人员的学习外部动机对其影响最为强烈。故而,政府部门可将高风险食品单位整体作为抓手,采用制定法律、完善制度、加强宣传指导等手段,引导其担负起食品主体责任,从而对从业人员施加影响。目前国家市场监督管理总局发布的"食安员抽考"软件已用于对食品生产企业的食品安全管理员进行考核,但对于考核结果进行奖惩尚无政策依据。可在政策中引入对食品安全知识培训效果的奖惩措施,采取表彰、奖励、甚至可参照《中华人民共和国食品安全法》中对于进到查验义务的企业的部分违法行为可免于处罚的机制,对达到一定培训、考核效果的企业设置免罚行为清单等举措,对培训效果突出的企业进行正向激励。同时,在日常监督检查的过程中,加强对企业培训效果的考评,增加对企业培训不力的罚则,设置多层惩罚梯度,加强对培训效果不佳企业的负面激励,倒逼企业重视食品安全知识培训,并采取手段激励从业人员。

对企业食品安全管理部门进行培训时,引导其多对培训考核结果突出的从业人员采取树立典型、奖励年假、纳入考核并多辅以适当的金钱激励等手段鼓励从业人员积极参与食品安全知识培训,也可引导其在制度中增加对于培训效果不佳的从业人员施以适当的罚款等手段,以此推进企业进一步鼓励从业人员积极参与食品安全培训并切实落实考核。一直以来,对于食品安全知识的培训仅作为从业人员工作内容的一部分或是接受政府部门检查时作为企业完成法定培训要求的证明,导致部分从业人员认为食品安全知识培训是无价值的、是仅有利于工作的。根据调查结果,如能在《国家职业资格目录》中加入食品安全专业技术的相关职业,食品安全知识培训的成功将在社会层面被认可,则食品安全知识培训将与从业人员的个人收益息息相关,63.68%的从业人员愿意付出业余时间、自费参加食品安全知识培训,其余从业人员也在考虑投入—回报的比例,仅有 1.28%的从业人员在食品安全专业技术人员纳入《国家职业资格目录》的前提下不愿意利用业余时间自费进行食品安全知识培训,这说明对其个人的实际收益将极大激励从业人员自发自愿积极参与食品安全知识培训,将对其培训效果产生相应促进作用。所以,政府部门可将食品安全专业技术人员纳入《国家职业资格目录》,则取得食品安全专业技术人员资格可能影响到薪资、求职资质等,认真参与政府性食品安全培训将被从业人员视为个人进修、自我提升的途径,而非完成单位的任务,激励从业人员更认真地投入培训中。

3.5.2.2 不断改善培训内容

根据调查结果,98.99%的从业人员希望政府部门定期组织高风险从业人员开展集中食品安全培训。64.69%的从业人员希望培训内容以法律法规解读及季节性或新出要求解释(如新冠防控消毒方法、夏季食品中毒防范方法等)为主。政府监管人员因身份原因,对于法律法规的解读与日常检查的要求更加贴切,也更具备权威性,对于季节性或新出要求的解释也能帮助从业人员更好地了解近期的食品安全知识重点。建议政府部门在食品安全新法新规颁布时,集中召集辖区内从业人员授课培训,增强讲解。在场地受限、集中较多从业人员有一定困难的情况下,可通过视频会议线上为从业人员授课,确保政府培训的覆盖面以及从业人员能够及时地得到回应和解答。

根据调查结果,41.87%的从业人员希望可以接受外来教师(第三方培训机构或是高校教师)的培训。政府部门可委托有资质的第三方机构对高风险食品单位进行指导、评估,有针对性地为其设计课程,调整高风险食品单位的培训计划和培训内容,可针对不同岗位的要求设置不同的课程及考核,确保培训内容更加贴合从业人员的工作内容,加强培训的效果,并定期抽查其培训进度,作为监管部门监督引导措施的有效补充。与此同时,政府部门可效仿教师资格证,在1类培训证明的课程中增加对于食品安全培训能力的课程,确保每个企业的食品安全管理人员都有一定的课程讲解能力,增强培训效果,也应在日常监管中多多引导食品安全管理人员增强授课能力。此外,政府部门也可召集各个关键岗位的负责人,指导其对于本部门的员工进行培训,由于各关键岗位负责人的工作内容贴合一线从业人员,其授课方式更容易被从业人员吸收,政府部门只需培训其专业知识或是规定培训内容即可。

3.5.2.3 进一步完善培训条件

政府性食品安全培训及考核均由各食品生产经营者自行组织。由于一线生产加工人员平日的生产加工任务较繁忙,大部分高风险食品单位为了不影响企业的正常生产经营,会占用从业人员的业余时间或休息时间进行培训,降低了从业人员参与培训的意向和培训效果。部分企业设置的培训难度不科学,或是过于简单失去了原有目的,或是过于困难打击从业人员参与信心。所以,建议由政府部门牵头,组织行业协会、高校学者、企业代表等,探索建立本区政府性食品培训的梯度型教材,用于指导企业更好地完成食品安全知识培训。为一线操作的基层从业人员提供简单易操作的培训考核内容,为各岗位的中层负责人提供食品安全原理等原理性培训内容,确保食品安全要求发生变化时,各中层负责人可及时指导一线人员作出调整。再结合《国家职业资格目录》等激励措施,政府可以对有意愿"深造"的从业人员减免学费,增加业余培训的课程与考核。减免额度可与培训考核结果挂钩,进一步增加其激励作用。

目前企业为便于管理、便于留痕,多以集中授课的形式组织开展食品安全知识培训,导致不得不占用员工的业余、休息时间。政府部门可指导企业转变思想,建立各从业人员的培训台账,利用早会等时间各部门针对部门特色和工作职责进行培训。政府部门也可借助本区食品安全宣传周,通过组织辖区内食品从业人员的食品安全知识竞赛、专题食品安全知识学习心得交流会、包含消毒水配置、模拟索证索票等实操环节的"趣味运动会"等活动,既加强从业人员参与培训的兴趣,也能启发企业通过多种形式开展培训,同时也对市民群众进行科普,提升全区整体食品安全知识水平。与此同时,由于高风险食品单位从业人员的流动性相对较低,为线上建立培训档案提供了条件,可依托大数据平台,增加对从业人员的身份认证。此后,政府将后台统计的从业人员培训时间及考试成绩直接纳入法定培训时长,为从业人员提供线上培训、利用碎片时间培训的平台,降低从业人员培训的时间成本,也为高风险食品单位降低培训成本。政府及时推出种类多样的培训课程,由从业人员自行选择感兴趣的课程,并可反复观看学习,随时查阅知识点,营造良好的培训条件。

3.6 本章小结

食品从业人员食品安全意识和知识水平在保证食品安全中起着重要作用。高风险食品单位涉及的消费人员多、食品风险较高,对其从业人员的食品安全知识要求也相对更高。已有研究表明,接受食品安全培训可以显著提升从业人员的食品安全知识水平。已有的法律法规规章中均对食品企业员工培训提出了要求,但是目前的培训效果参差不齐。本文从监管部门视角,对某市高风险食品单位从业人员参与政府性食品安全培训效果的影响因素进行研究,以期据此提出建议,从而提升高风险食品生产经营单位的整体食品安全水平。基于研究结论,本章为政府部门提出几项政策建议:可将高风险食品单位本身为抓手,制定政策,提升单位激励;设计更有针对性的培训内容,增加培训成果的价值,优化培训内容;营造良好的食品安全培训环境,改善培训条件,以此达到引导高风险食品从业人员提升其参与政府性食品安全培训效果的目的。

餐饮经营雇员参与
"吹哨"的动机与行为

　　食品从业者是食品的生产主体,是商家与消费者、商家与监管部门信息不对称关系中,掌握更多信息的一方。若雇员能积极"吹哨"商家黑幕、缩小信息鸿沟,就能更高效地维护市场经济与社会公共利益。但雇员"吹哨"人在检举揭发前往往饱受个人利益损失的担忧以及"不忠"标签的道德"压力",因此鼓励雇员冲破枷锁勇敢发声既必要、又重要(Harris 等 2021)。

　　根据计划行为理论,商铺雇员对食品风险的"吹哨"意愿受到态度、社会管理和"吹哨"能力的影响。尽管他们的"吹哨"行为面临着包括失业、潜在的人身伤害、收入损失等巨大压力,但若通过政府检查证实了食品安全风险并征收罚款,餐厅雇员仍将面临工资减少、福利损失等风险(Han 和 Zhai 2022)。因此,当餐厅的食品安全水平低于预期时,雇员可能会更愿意通过"吹哨"来试图避免自身利益损失的隐患。政府监管部门对外卖商铺的管理与教育,可以反映出政府对餐厅食品安全的重视,故而使雇员充分意识到自身需要改变现状的意愿以及"吹哨"行为得到政府及平台支持的极大可能性。换言之,政府对餐厅的管理与教育督促是员工"吹哨"食品安全违规行为的主观规范因素。除此之外,雇员自身的食品安全意识以及对举报制度的了解程度也反映了他们对"吹哨"行为的控制能力。这些能力有助于雇员快速识别出需要"吹哨"的食品安全违规行为,并明确相应的"吹哨"渠道及所需的证据。基于此,将提出雇员"吹哨"意愿影响因素的研究假设,并对其进行实证检验。

　　互联网催生了外卖食品这一新兴的食品经营业态,但当前外卖食品安全风险形势较为严峻。截至 2020 年年底全国全年外卖订单量达 171.2 亿单,用户规模近 5 亿,形成了以外卖平台为纽带、全球最大的外卖食品市场,新冠疫情并将再次加速其发展。遗憾的是,中国消协《2020 年全国消协组织受理投诉情况分析》显示外卖餐饮成为投诉量前 2 位的行业,其中食品卫生安全是投诉的重点。因此,本章将以外卖食品安全风险治理为例,探究外卖食品店铺雇员进行食品安全"吹哨"的意愿和政府引导策略。

4.1 雇员参与"吹哨"的基本假设

4.1.1 雇员对治理体系的感知有效性

经营着外卖模式(Online to Offline, O2O)的餐厅同时受到政府监管部门及所在在线平台的管理。政府监管部门具有规范食品安全问题与阻止违法者的法定义务,这类对私人部门的监管通常被称为公共治理,而私主体(如在线平台)的监督通常被认为是私人治理。在线平台作为餐厅与消费者之间的桥梁,肩负着管理餐厅食品安全的责任,平台也以此获得市场份额和自身品牌竞争力。因此,在线平台作为私治理的一部分,在食品安全监管中同样发挥着关键作用。例如,美国最大的外卖平台之一 Uber Eats 就只允许同时具有 2 个食品卫生评级的餐厅在平台上线,另外还会对某些有特殊要求的餐厅进行定期检查。由此可见,外卖商铺确处于公私协同治理的体系之下。根据计划行为理论,个体的行为意愿部分地取决于他们对行为的态度(Marklinder 等 2020,Fielding 等 2008)。因此,为了使雇员作为私主体加入公私协同治理体系中(具体表现为对所在餐厅的食品安全问题进行及时"吹哨"),需要他们对公私协作这一行为具有积极的态度。公私部门之间的有效合作反映出彼此之间的信任与自身的信誉,这点对于公众个体至关重要。公私合作治理体系的良好运作意味着它在保护个人信息及对问题进行有效干预方面能够向潜在"吹哨"人展示出足够的能力与诚信,因为"吹哨"人最大的顾虑之一便是个人信息泄漏导致的人身伤害、社会资本损失以及工作机会的丧失等风险。当"吹哨"人冒着承担该风险的后果,进行证据的收集与上交时,他们期望相关部门能够迅速有效地采取行动。当潜在"吹哨"人认为自己的"吹哨"行为不会被及时有效处理时,参与该治理体系的意愿也会相应降低。基于此,我们提出了研究假设 H1。

H1:雇员感知到的公私协作治理体系的有效性会积极地影响其"吹哨"意愿。

4.1.2 公私协同治理体系的规范作用

鉴于食品安全的专业性以及不安全生产可能对公众健康造成严重危害的事实,政府和平台分别制定了餐馆经营准则(包括规范性培训、教育等)。行为规范理论认为,良好的教育能够将规范和信念嵌入受教育者的行为系统中。因此,来自监管机构的餐厅食品安全指导可以教育经营管理者在食品生产中应遵守的规则以及违法所带来的后果。事实上,确有研究表明,有食品安全教育经验的个体会有更多的相关知识和行为(Aronson 1969)。由于食品安全关系到公众健康,违法行为通常会受到严厉的法律处罚。例如,美国《1994 年刑事罚款执行法》就适用于与食品安全丑闻有关的罚款。与此同时,美国食品药品管理局(FDA)的刑事调查办公室也会对食品等产品的非法经营活动进行刑事调查,被告甚至可能因违反法律而被逮捕并接受处罚。目前的研究表明,组织缺乏足够的时间和资金来就潜在的组织不当行为或违反道德规范的行为对雇员展开培训教育,也很少能让雇员担任道德监督或审查委员会的成员,因此政府及平台的积极指导显得尤为重要。此外,雇员同样是餐厅运营的参与者,当餐厅从事违法食品加工程序时,员工在很多情况下也被迫参与其中。因此,监管机构(政府/平台)提供的教育培训会对雇员带来无形的压力,因为当丑闻曝光时,他们对食品安全违规行为的纵容会被视为狼狈为奸而受到同样的惩罚。因此,我们提出假设 H2。

H2:公私协同治理体系的规范作用积极影响着雇员的"吹哨"意愿。

4.1.3 雇员食品安全政策的认知水平

雇员的认知是指他们对所在餐厅食品安全事件的了解,以及他们对参与公私协作治理体系途径的掌握,具体表现为对"吹哨"政策的熟悉程度。计划行为理论中的感知行为控制因素在此体现为雇员对"吹哨"行为的难度判断。鉴于"吹哨"人只有在熟悉"吹哨"渠道并且对"吹哨"程序及调查程序有足够信心的情况下才会行动,那么"吹哨"渠道的了解程度也是影响雇员"吹哨"意愿的关键因素(Fielding 2008)。研究证实,培训和教育计划是非常重要的决定因素,并已发现其对"吹哨"有积极影响。潜在"吹哨"人通过教育和培训项目获得的技能和知识增加了他们实施"吹哨"的可能性,同时也削弱了"吹哨"人感到的压力和限制(Previtali 和 Cerchiell 2022)。除此之外,对"吹哨"制度的知晓能够有望削弱个人"吹哨"成本升高带来的"吹哨"意愿降低风险(Cho 和 Song 2015)。

食品安全是一项具有高专业性的工作,需要对相关知识有广泛的了解。但与此同时,食品生产也是一个动态过程,过程中任何一步的风险都可以转移到下一阶段。因此,食品安全风险责任的分配同样面临挑战,即对于食品安全风险的"吹哨"可能并不总是能指向明确的实际责任方。因此,食品安全风险责任的难以归属性会使雇员对"吹哨"行为的掌控力降低,从而影响其"吹哨"意愿。基于以上两点,我们进一步提出了假设 H3a 和 H3b。

H3a:更熟悉外卖食品安全"吹哨"相关政策的雇员,其"吹哨"意愿更高;

H3b:对食品安全违规行为的权责划分有助于提升员工的"吹哨"意愿。

4.2　雇员调查方案与数据测量

4.2.1　雇员"吹哨"意愿的调查方案

本章对上海共计 16 个不同区的注册外卖商铺进行分层抽样,并按区进行了结构化的面对面访谈。访谈对象的年龄均在 18 岁及以上,并且具有不同餐厅的工作经验。本章在向研究对象保证个人信息严格匿名后,对各位受访者进行了访谈,并在访谈结束后向每位受访者给予一定数额的金钱报酬或小礼品。最终,本章共收集了 405 份问卷数据,在整理剔除了回应时间小于 20 分钟的问卷后,最终产生了 336 份有效问卷,用于后续的数据分析。

4.2.2　问卷设计与测量方式

问卷的内容除受访者的个人信息(人口统计学数据)外,其余题目均围绕本章的研究假设而设计（完整问卷见附件1）。关于个体特征变量,本章选取了如下信息：(I1) 性别(1＝男;2＝女)、(I2) 年龄(周岁)、(I3) 学历(1＝小学及以下;2＝初中;3＝中专/高中;4＝大专;5＝本科;6＝研究生及以上)、(I4) 职位(1＝厨师;2＝服务员;3＝收银员;4＝配送员);(I5) 税后月收入(1＝3 000 元以下;2＝3 001～6 000 元;3＝6 001～12 000 元;4＝12 001～20 000 元;5＝20 000 元以上)。

由于过往的相关研究数量较少,关于食品安全领域雇员"吹哨"意愿的影响因素更是鲜见定量研究,故没有完整的可靠问卷可供借鉴使用。因此,本章基于研究假设、理论基础以及其他相似研究设计出本章的测量问卷。个人对监管机构的信任会影响其"吹哨"态度,潜在的"吹哨"人可能会因对政府的不信任而减弱其"吹哨"意愿(包括但不限于政府是否能有效处理风险,还包括"吹哨"人是否得到平等对待、匿名性能否能得到保证等)。例如,亚美尼亚共和国曾进行了一项全国调查,发现公民对政府的信赖对其"吹哨"态度有积极影响(Antinyan 等 2020)。因此,本章采用李克特 5 级量表来衡量被试对政府与在线平台之间的公私治理体系的感知效度(1＝完全不同意;2＝不同意;3＝中性;4＝同意;5＝完全同意)。比如,"我认为政府对外卖食品安全的治理非常有效"以及"我认为平台在管理外卖食品安全方面非常有效"。

潜在"吹哨"人常常担心自己的"吹哨"行为会招致个人的职业机会丢失、收入损失和可能的人身伤害,但 Gundlach 等(2003)发现规范且明确的机制与程序可以有效地促进"吹哨"行为。除此之外,仅凭举报制度规范是远远不够的,Smith(2010)通过研究进一步证实,教育和培训是促进"吹哨"意愿的重要方式之一。因此,本章适度地建立在过往研究使用的调查方法上,用两个指标来衡量政府和在线平台对外卖商铺的规范作用："政府当局是否通过建议、教育和培训等行动来指导餐厅人员了解外卖食品的安全知识(1＝有;2＝没有)","在线平台是否通过提示、教育、培训等行动来指导餐厅人员了解外卖食品的安全知识(1＝有;2＝没有)"。雇员的认知通过一个问题来衡量的："我可以很容易地划分食品安全风险的责任和来源(1＝是的;2＝不是)。"最后一个问题被用来衡量受访者对"吹哨"渠道的知晓程度,即,"我熟悉目前在上海和中国的有奖举报系统系统(1＝是的;2＝不是)"。

最后,雇员的行为意图直接通过"如果你在餐厅发现了食品安全问题,会向治理系统报告吗?(1＝肯定会;2＝可能会,看情况;3＝绝对不会)"来测量。

4.3　实证结果的分析

4.3.1　受访雇员的描述性统计

本部分研究中336名有效受访者的人口统计学数据如表4-1所示,男女比例分别为46.43％和53.57％,比例适中,样本选取合理,这也与上海餐饮行业整体表现出的女性人数多于男性人数的特征相吻合(上海统计局2020)。除此之外,86.61％的受访者为外地人,这与外来务工人员倾向于选择低技能、强体力型的职业偏好相吻合。受访者的年龄集中在18～30岁之间(70.84％),最高年龄为50岁,因为年轻劳动力具有体力充沛、易于管理、薪酬较低等特征而受到餐厅经营者的招聘偏爱。此外,鉴于餐饮业服务类岗位的薪资水平普遍不高,招聘的大多数服务员均来自农村或经济较欠发达的地区,因为这些年轻人离开家乡进入城市工作后,认为餐饮行业的进入门槛相对较低,故而将服务员作为其首选的工作选择,这也是受访者教育背景主要集中在初中到大专区间的主要原因。其中,35％集中在高中或中学便是与上述人员的农村身份、低龄化等特征密切相关。最后,餐饮服务行业中超过一半的职位或身份是服务员(55.36％),与餐饮行业实际岗位人员数量的大体分布情况相一致。总的来说,样本具有良好的随机性,可以预期其有良好的代表性和覆盖性。

表4-1　样本人口统计学数据

N＝336	特　征	频　率	占　比
性别	男	156	46.43％
	女	180	53.57％
户籍	本地	45	13.39％
	非本地	291	86.61％

续　表

N=336	特　征	频　率	占　比
教育水平	小学及以下	6	1.79%
	初中	90	26.79%
	中专/高中	149	44.35%
	大专	69	20.54%
	本科	21	6.25%
	研究生及以上	1	0.30%
年龄(周岁)	低于20岁	64	19.05%
	21~30岁	174	51.79%
	31~40岁	74	22.02%
	41岁及以上	24	7.14%
职位	厨师	71	21.13%
	服务员	186	55.36%
	收银员	66	19.64%
	配送员	13	3.87%

同时,通过对自变量结果的分布进行排序(表4-2),本章发现,外卖商铺雇员对政府和外卖平台食品监管效果评价的均值分别在2.23和2.38(1~5数字越大,评价越好),即整体处于中等水平,且分布相对比较集中;雇员对举报制度的了解程度和责任划分难易程度的判断均值分别为3.18和2.74(1~5数字越大,越了解,划分越容易),即样本对上海市举报制度的了解程度和食品质量问题权责划分的难易程度都有中等偏上的反馈。最后,一半以上的政府和外卖平台都有通过忠告、教育、培训等措施专门要求企业规范网络外卖食品安全生产经营行为,但相较于政府的督促教育行为,外卖平台督促教育的覆盖率还有待提高。

表4-2　自变量结果分布

变　量	对　象	均值/频率	标准差/百分比
治理体系有效性感知	政府监管有效性评价	2.23	0.862
	外卖平台监管有效性评价	2.38	0.823

变　量	对　　象	均值/频率	标准差/百分比
治理体系的规范作用	有政府规范行为	248	73.81%
	有外卖平台规范行为	223	66.37%
雇员的认知	对举报制度的知晓程度	3.18	0.915
	对权责划分的把握	2.74	0.818

4.3.2　雇员"吹哨"意愿的回归结果

本章研究的因变量为具有三个层次的分类变量,故而将其导入 SPSS26.0 使用多元有序回归模型对其进行逐步回归分析。模型 1 仅将个体特征作为自变量,模型 2 在此基础上加入行为态度的决定因素,即对政府及在线平台治理有效性的感知态度。模型 3 在对个体特征及行为态度变量进行控制的基础上,加入主观规范变量,即是否经历过政府/外卖平台的规范指导。最后在模型 4 中,将这四类变量同时作为自变量,探讨其对雇员参与公私治理体系(具体表现为"吹哨")意愿的影响。模型拟合优度的显著性小于 0.05,说明至少有一个自变量有效,模型集有意义。尽管伪 R 方数据略小于期望值,但由于模型中的因变量为分类变量,故本章基于模型拟合程度仍然认为模型显著且有研究意义。所有模型均通过了平行线检验(p 值均大于 0.05,说明因变量各水平之间是等差有序的,参数估计表有效)。最终回归结果如表 4-3 所示。

表 4-3　多元有序回归结果(N=336)

变　量	模型 1	模型 2	模型 3	模型 4
	B	B	B	B
性别_男	−0.350	−0.411	−0.467	−0.422
	(0.256)	(0.266)	(0.270)	(0.273)
年龄	−0.003	0.001	−0.005	−0.004
	(0.015)	(0.016)	(0.016)	(0.016)

变　量	模型1	模型2	模型3	模型4
	B	B	B	B
教育水平	0.114	0.076	0.055	0.077
	(0.132)	(0.136)	(0.137)	(0.139)
月收入(元)	0.378	0.236	0.282	0.240
	(0.209)	(0.220)	(0.222)	(0.224)
职位_服务员	0.285	0.292	0.226	0.246
	(0.300)	(0.310)	(0.315)	(0.318)
职位_收银员	0.389	0.400	0.430	0.410
	(0.393)	(0.405)	(0.408)	(0.410)
职位_配送员	−0.277	0.201	−0.173	−0.127
	(0.605)	(0.627)	(0.632)	(0.642)
政府监管有效性评价		0.488**	0.457**	0.429*
		(0.162)	(0.167)	(0.168)
平台监管有效性评价		0.364	0.263	0.217
		(0.173)	(0.178)	(0.181)
有政府规范行为			−0.065	0.019
			(0.307)	(0.309)
有平台规范行为			−0.777**	−0.729*
			(0.296)	(0.296)
对举报制度的了解				0.318*
				(0.138)
对权责划分的把握				−0.020
				(0.147)
平行线检验	0.113	0.194	0.236	0.243
伪R方	0.017	0.099	0.122	0.136

注：括号内为标准误差，* 表示 0.05 显著度；** 表示 0.01 显著度；*** 表示 0.001 显著度

首先，从回归结果来看，人口统计学变量并不对因变量"吹哨"意愿产生显著的影响。通过模型2可以发现，个体对公共治理体系的感知有效性对其"吹哨"食品安全违法行为的意愿有显著的正向影响（$B=0.488$，$p<0.01$），而个人对私人治理的感知有效性对其"吹哨"食品安全违法行为的意愿无显著影响（$B=0.364$，$p>0.05$）。换言之，政府食品监管有效性作为影

响个体行为态度的指标,对外卖商铺雇员"吹哨"意愿的影响更大,雇员对政府监管效果的评价越高,在面临食品质量安全问题时,"吹哨"的意愿越高。多年以来,我国政府开展了一系列保障食品安全的监管活动,以最严格的执法和问责机制加大了对食品安全违法行为的打击力度,这极大地缓解了民众的担忧,也进一步加深了民众对政府监管的信任,同时这也增加了潜在"吹哨"人对"吹哨"获得积极结果的信心。从长远来看,这在一定程度上也加速了餐饮服务业的发展,线上线下相结合的消费模式成为中国餐饮服务业发展的新常态。然而出于商业利益的考虑,外卖平台没有足够的动力来及时监管平台商家的合规情况。

其次,在模型 3 中可见,政府对外卖商铺的规范指导并未对雇员的"吹哨"意愿产生影响($B=-0.065, p>0.05$)。而且与研究假设正相反,线上平台对外卖商家的规范指导反而降低了雇员的"吹哨"意愿($B=-0.777$,$p<0.01$)。换言之,若线上平台对外卖商铺开展规范经营指导行为,雇员在发现食品安全违规行为后反而不愿"吹哨";反观政府的指导行为,则对雇员"吹哨"意愿不产生任何影响。与西方发达国家相比,我国的食品安全监管体系建立得较晚,但自 2009 年《中华人民共和国食品安全法》颁布以来,中国的食品安全监管体系不断完善。在这样的转变过程中,食品市场环境越来越复杂多变,而监管部门传统的监督方式逐渐与发展大趋势不相适应。平台间越发激烈的竞争也使得平台为了招揽更多商家入驻实现自身利益最大化,在这种情况下出现越来越多平台"不作为"情况,使得商家有意愿和有机会生产不合格的食品(王瑞琪等 2020)。平台的指导与现实食品安全风险事件同时出现之时,雇员失去了对平台的信任,从而导致雇员不愿意对食品安全风险事件向平台进行"吹哨"。

最后,模型 4 表明,个人对地方或国家举报制度的了解会对雇员"吹哨"违规行为的意愿产生显著的正向影响($B=0.318, p<0.05$),这意味着雇员对举报制度越了解,在食品安全事件中的"吹哨"意愿越强。同时,责任划分难度对个体"吹哨"意愿影响的显著性水平大于 0.05,这意味着食品安全违法行为的责任划分难度并不影响雇员是否决定披露该行为。为严格落实"四个最严"要求,切实保障人民群众身体健康和生命安全,我国各市各地依

托网站、报纸、微信、微博、抖音、手机短信等平台,大力宣传食品安全知识,提升了公众的食品安全认知度和满意度。根据本章的数据结果来看,此举确被证明可有助于减少雇员"吹哨"道路上的障碍。

4.4 雇员"吹哨"意愿影响因素的结果讨论

本章发现,公共治理系统的感知有效性及雇员对食品安全举报制度的了解显著且积极地影响着雇员的"吹哨"意愿。同时,文章也发现,外卖平台的食品安全经营指导行为会显著降低雇员的"吹哨"意愿。除此之外,雇员对私人治理体系(外卖平台)的感知有效性、政府的经营指导行为以及食品安全违规的责任划分难度均不对"吹哨"意愿产生显著影响。

4.4.1 政府监管有效性有助于提升雇员"吹哨"意愿

政府的监管行为具有天然的合法性,只有对政府监管有效性的感知影响到个体对"吹哨"行为持有积极或消极的态度。此外,雇员对政府食品安全监管有效性的评价可以反映出他们对政府工作的认可度和信任度。对政府的认可和信任度越高,雇员就越有理由相信政府能够有效地处理"吹哨"线索,即雇员对"吹哨"行为带来理想效果的期望越大。Du 等(2022)的研究已证实了制度信任对个人"吹哨"意愿的正向影响作用。

雇员的"吹哨"意愿并未受外卖平台治理有效性的感知所影响。本章认为可能的原因在于,当下各平台间的激烈竞争以及疫情推动下的外卖经济已将在线平台推入了一个高速运转的机器中,各平台只有不停地、快速地壮大才能不被淘汰出局。为了吸引更多的商家来维护自身利益,对入驻商家设置的质量标准在很多情况下不能完全达标。例如,根据上海市食药监局连续十轮的网上餐饮服务监测结果显示,有不少网上商家存在违法行为,但即使接到了平台下架的通知,在后续监控中又发现这些商家再次上线(上海市市场监管局 2022)。这个结果这意味着平台并未完全达到履行平台治理的监管责任。从私营公司的角度出发,有效的食品安全控制系统可能并不会产生对自身有益的结果,这使他们没有足够的动力积极参与监督管理工作。由此造成了外卖商铺雇员对外卖平台并不抱有足够的信任,对于私人治理体系效果也持有难辨真假的怀疑态度,这种模糊的评价对其"吹哨"意愿无法产生显著的影响。

4.4.2 平台的规范经营指导行为降低雇员"吹哨"意愿

食品安全治理体系的规范指导行为带来的结果与研究假设正相反。也就是,不仅政府的规范指导对雇员"吹哨"意愿无显著影响,平台的指导行为甚至会降低雇员"吹哨"意愿。近年来,外卖平台加速发展,形成了具有各自独有管理体系与行为规范的外卖平台产业链(Khongchareon 等 2020)。但由于商业的逐利性,在法律法规不完善的情况下外卖平台和商家有动机为追求利润而忽视食品安全问题(Wu 和 Chien 2021)。与此同时,外卖平台之间的竞争又客观上引发了对于食品安全事件的担心,因此通过频繁的规范指导来引导经营店铺开展商业活动。然而,平台企业的规范指导通常是基于商业竞争导向的操作性培训。例如,外卖平台之间的竞争优势在于出餐速度快、配送时间段、包装完好性强、餐饮消费价格低等消费者服务感受。为此,外卖平台不断地优化管理制度,提升对消费者需求及时响应性和客户服务体验。当然,食品安全也是客户体验的一部分,为了应对食品安全事件对外卖平台带来的商誉风险和法律风险,近年来部分外卖平台推出各种商业保险来进行先行赔付和兜底索赔。因此,外卖平台的规范指导实际上在程度上更重要的是客户体验,而不是食品安全风险管理。这种情况下,外卖平台的规范指导实际上强化了外卖平台商业导向的经营模式,"吹哨"行为并不一定能够得以彻底的执行和调查。雇员对于平台食品安全管理的信心不足进一步加剧了其个人身份暴露风险、被打击报复的感知风险。因此,从结果上看外卖平台的规范指导从某种程度上弱化了雇员的"吹哨"意愿。

4.4.3 "吹哨"知识的掌握提升了促进雇员"吹哨"意愿

在雇员知识的测量指标中发现,个体对当地食品安全有奖举报的了解程度显著正向影响其"吹哨"意愿,但食品安全事件权责划分的难易程度并未产生影响。而对于底层员工而言,"吹哨"行为产生的个人成本会远低于其他更高阶的职位。对"吹哨"制度的了解程度（包括举报程序、举报标准、举报奖励以及举报时需提供的证据）制约了潜在"吹哨"人对"吹哨"行为的能力。因此，对举报制度的了解水平越高，行为体对实现其"吹哨"行为的预期结果就越有信心，也就更有可能在压力下进行"吹哨"。

以上海市网红面包店法欣食品安全案为例，该店员工在微博上曝光了面包店操作间里满是油污、老鼠横行、面粉过期等问题。作为一位"吹哨"人，他明确了解"吹哨"的"法定"程序，将涉嫌食品安全风险信息据举报市场监管部门。同时，他又在微博曝光了面包店食品安全违法行为和证据，给政府调查施加舆论压力。为此，对于举报制度的程序了解程度能够使得"吹哨"人"巧妙"地利用制度来实现"吹哨"线索的快速跟进。"吹哨"人关注的是食品安全风险线索得以跟进，而食品安全违法行为的责任归属、原因属于政府部门调查责任，这也解释了对于食品安全的性质、严重程度和处理不会影响到雇员的"吹哨"意愿。

4.5 本章小结

本章首先基于计划行为理论及相关过往研究提出了对于商铺雇员的研究假设，接着介绍了研究对于外卖餐饮商铺的调研过程与问卷设计。之后，本章对所得数据先后运用数据描述性统计及多元有序回归的分析方法对本章的研究假设进行逐一验证，主要结论如下：① 外卖商铺雇员感知到的公共治理体系有效性会积极地影响其"吹哨"意愿；但对私人治理体系有效性的感知无显著影响，原假设 H1 成立；② 公共治理体系（政府监管部门）的规范指导对雇员"吹哨"意愿无显著影响；且私人治理体系（外卖平台）的规范指导产生降低作用，原假设 H2 成立；③ 雇员对举报制度的了解程度有助于提升"吹哨"意愿，因此原假设 H3a 成立；④ 食品安全违规行为的权责划分难度与雇员"吹哨"意愿并无显著关系，所以原假设 H3b 不成立。除此之外，本章对所得结果进行影响机制分析，对雇员的"吹哨"意愿影响因素和理论逻辑进行了解释。

第 3 篇

食品流通消费：
食品安全的社会共同管理

5

食品安全的媒体"曝光"监管

食品安全治理一直是业界和学界关注的热点和难点,学术界对于食品安全治理做了大量研究,分析食品安全出现的困境和解决思路。政府投入一定成本对企业是否执行生产标准进行抽查,当不执行生产标准的企业被抽查到时则承担罚款。同时,当不符合标准的食品被媒体曝光时,政府与企业的声誉、社会福利或直接利润都将受到损害(徐国冲和霍龙霞 2020)。因此,政府与食品生产企业的决策在于考虑不符合标准食品被媒体曝光概率情况下的抽查概率与是否遵守生产标准。因此,本章将不符合标准食品被媒体曝光概率设为外生变量,构建了食品生产与监管体系中政府与企业的决策目标函数并分析两者的最优决策,从而得到相关的管理启示。最后本章分析某喜过期肉事件背后的博弈机理,论证研究结论的合理有效性。

5.1 食品安全的监管强度

我国 2008 年三鹿奶粉事件的曝光后,我国食品安全逐渐成为社会热点问题,次年就颁布了我国史上最严《中华人民共和国食品安全法》(吴林海等 2016)。尽管从立法层面对食品安全问题始终保持高压态势,国内食品安全形势仍很严峻,"地沟油事件"、"瘦肉精事件"、"镉大米"、"毒生姜事件"、某喜公司过期肉事件、某外卖平台网上订餐事件等食品安全事件仍不断出现。因此,本章通过分析企业、消费者和政府的行为模式与博弈关系,研究企业食品安全行为与政府监管和新闻媒介监督的关系,从而为食品安全监管提供一定思路。

政府常采用抽查的方式对食品市场进行抽查,当问题食品被抽查出后、则给予相应的罚款等处理措施。由于抽查会占用政府执法资源,如人员费用等,但是如果执法不足而导致食品事件导致的社会损失和政府信誉损失,所以本章首先构建了考虑执法成本、社会损失与政府信誉损失等在内的政府决策函数,其决策变量是抽查的频率。对于企业而言,企业首要目标在于利润最大化,同时富有社会责任感的企业将对社会公益进行投资,因此企业的决策目标函数中包含利润和社会责任支出。当企业降低食品安全标准生产时,往往会带来较高的边际销售收入;但其降低生产标准的行为一旦被抽查到或被媒体曝光时(下文称食品隐患被曝光),企业则面临处罚和损失。本章将企业是否降低食品生产标准如经济学著作所列明的消费规律,消费者追求消费者剩余最大化。因此,本章的研究旨在考虑媒体曝光情况下,政府、企业在食品生产和食品安全监管过程中的博弈关系,从而为政府进行有效的食品质量监管提供政策思路。

食品安全问题产生的机理较为复杂,蓝志勇等(2013)从社会生产活动性质转变角度出发,指出食品安全问题产生的原因在于由前市场经济体系向市场经济体系转变过程中,生产活动由以使用为目标向以逐利为目标转变,而信息不对称是导致食品安全问题产生的表现形式。王小兵等人(2013)以食品安全供应链为视角分析了供应商与食品生产企业、食品生产企业与销售商之间的信息不对称问题,查找在供应中出现食品安全事故的诱导性因素。而Antle(2001)则指出,在有些情况下交易双方对食品安全的信息都并非完全,生产者所拥有的信息并不比消费者更充分,这使得食品安全问题的解决更为困难。近年来提高食品生产可追溯性被认为是提高安全信息监管的有效途径(Sébastien 2006),但是一些理论构建可追溯性为义务的政府规制未必一定能够保证企业生产出更加安全的食品,只会导致其生产成本的增加(Moises et al. 2012)。例如,政府对企业的生产流程所做的强制性规定会导致企业的成本提高160%~500%(Ollinger和Moore 2009)。因此,如何在信息不对称这个前提下如何实现有效而低成本的监管是一项重要研究内容(谢康等 2016)。

Akerlof(1970)用柠檬市场理论概括了信息不对称所导致的市场失灵,

并考虑了政府监管这一方面能够发挥的作用。政府对企业的监管不足与监管失效往往会导致个体与群体机会主义(谢康等 2016),如王永钦等(2014)通过对三聚氰胺、塑化剂事件分析表明,目前特定企业食品安全问题对竞争对手带来的"传染效应"市场环境中监管制度较弱的体现。Antle(2001)将商品分为搜寻品、经验品和信任品三类,并认为通过将信任品转化为经验品使得食品安全问题的解决成为可能。而 Kramer(1990)则进一步指出了政府纠正食品安全领域信息不对称的四个主要方式是信息纠偏、流程标准、产品绩效标准和经济措施。以此为背景,近两年的研究开始集中于探讨政府管制的合理强度,如王常伟等(2013)利用委托代理模型,以监管密度作为控制变量,提出存在最佳监管密度的选择能够满足食品安全所需要的最低监管密度约束。

在食品安全治理过程中,政府常采用抽查方式对不同食品进行监管并对抽查不合格的食品生产企业进行处罚。然而,由于政府的抽查频率决策需要考虑社会福利与抽查成本,而企业在决策食品安全水平时也要考虑利润、潜在的处罚以及社会责任,因此本章考虑到不用决策者的决策目标构建相应的决策函数,通过对两者的博弈分析来观察博弈关系以及对食品安全程度的影响。

5.2 食品安全监管体系中的决策主体

在食品安全监管中存在着多重行为主体,各个主体都存在其自身的行动目标,并努力实现其自身效益的最大化。

5.2.1 企业的目标函数

利润最大化是食品企业的决策目标之一(Jamali 2007),但 20 世纪英美和德日四国财务表现的研究结果表明,强调股东利润至上的英美企业,在财务上并不比更多关注其他利益相关者的日本和德国更高(张国兴等 2015)。因此,本章假设食品生产企业决策目标除了自身直接利润、还考虑社会责任,即企业目标包含两个部分直接利润和社会责任。因此,给定该企业的预

算为 B，各项固定成本及质量改造成本为 C。假设预算水平 B 在不同决策下为定值,且短期内企业无法改变劳动力数量或影响平均工资水平。当企业将预算 B 的剩余部分即 $B-C$ 分别投向产品生产和社会责任两方面,其中 k 为企业投入的资本数量,r 为资本的平均价格,s 为企业对于实现社会责任的投入,且 $B=C+rk+s$。设企业的生产函数为 $f(k)=Mk^{\alpha}$,考虑到企业生产边际成本递增的原则,假定 $0<\alpha<1$,企业的财务绩效即为

$$\pi_f = Mpk^{\alpha} - (rk + C)$$

其中 M 为系数,p 为产品价格。同理,假设企业 I 对社会责任投入的产出 $g(s)=s^{\beta}$,其中 $0<\beta<1$,则企业的社会绩效为

$$\pi_s = N\theta s^{\beta} - s$$

其中 N 为系数,θ 为企业声誉。当企业完全不考虑社会绩效时,系数 N 则为 0。因此,食品生产企业的行动目标可以写为:

$$\max_{k,s} \pi(k,s)=\pi_f+\pi_s=Mpk^{\alpha}+N\theta s^{\beta}-B \quad s.t. \ rk+S=B-C$$

设 $K=K(p,\theta)$,$S=S(p,\theta)$ 时目标函数有极值,则 K 和 S 满足:

$$rK+\left(\frac{M\alpha}{N\beta r}\right)^{\frac{1}{1-\beta}}\left(\frac{p}{\theta}\right)^{\frac{1}{1-\beta}}K^{\frac{\alpha-1}{\beta-1}}=B+C$$

食品生产企业的目标函数为:

$$\Pi=\Pi(p,\theta)=MpK^{\alpha}+N\theta S^{\beta}-B \tag{5-1}$$

其中,$K=K(p,\theta)$ 和 $S=S(p,\theta)$ 为企业的要素需求函数,也即当企业利润最大时各要素投入量与其价格之间的函数关系。

5.2.2 消费者的目标函数

食品作为信任品,该行业中个别企业的丑闻可能产生行业溢出效应,包括竞争效应和传染效应两方面。因此,设消费者 i 对于食品企业的产品产生的效用 u_i 分为两部分,一部分是产品所产生的基础效用 u_0,不受个体差异的影响;另一部分为消费者自身因素对产品效用产生的影响 ε_i,即

$$u_i = u_0 + \varepsilon_i$$

影响 ε_i 的因素诸多,产品的价格 p,消费者的收入 R_i,以及消费者对企业的认可程度(或企业的声誉)θ_i 是其中的重要因素。首先,对于同样的商品更高的价格将会导致消费者剩余的减少,故 $\dfrac{\partial \varepsilon_i}{\partial p} < 0$;而王志刚(2003)等研究表明,收入越高的人越能够承受较高的食品价格,即高收入能给予支付高价格一定的效用补偿,故 $\dfrac{\partial \varepsilon_i}{\partial R_i} > 0$;此外,大量相关研究(如 Tonsor 2009,Ortega 2011)表明,市场对于食品安全的感知性较强并且有显著的支付意愿,因此如果消费者对于企业生产安全食品这一事实有较高的认可度,那么其在购买企业的产品时就愿意支付更高的溢价,故针对同样的价格更高的认可度能给予消费者更高的效用补偿,也即 $\dfrac{\partial \varepsilon_i}{\partial \theta_i} > 0$。由于食品安全隐患被曝光时消费者的效用整体应当是下降的,因此,此时由价格下降所导致的效用升高,应当小于信任下降所引发的效用下降,故进一步假设食品安全事件发生时 $\left| \dfrac{\Delta \theta}{\theta} \right| > \left| \dfrac{\Delta p}{p} \right|$。

综上所述,参考王常伟(2013)的研究,不妨如下假设消费者 i 的效用函数,其中 ε 为系数。

$$u_i = u_0 + \varepsilon_i(p, R_i, \theta_i) = u_0 + \varepsilon \frac{R_i \theta_i^2}{p}$$

而根据功利主义社会福利函数的相关假设,社会总福利 U 即为消费者 i 的效用 u_i 在收入分布上的积分。若社会的收入分布服从界值为 $[R_1, R_2]$ 的随机分布,则消费者总体效用函数如下式所示。

$$U = U(p, \theta) = \int_{R_1}^{R_2} \frac{1}{R_2 - R_1} \left[u_0 + \varepsilon \frac{R_i \theta^2}{p} \right] dR_i$$

5.2.3 政府的目标函数

与企业相比较,政府的效用函数更为复杂,政府既要使其获得的垄断租金最大化,又要在这一目标下致力于交易成本的降低以使社会产出最大化(诺斯 1994),例如曹红钢(2007)将政府关注的目标体系概括为维护统治、保障民族利益、制度偏好和其他具体目标四个方面,陶红茹等(2014)则归纳为政绩最大化、社会稳定、经济增长和社会福利四个方面。总之,在构建政府目标函数时,假设政府的目标是实现其自身效益和社会产出的最大化,而社会产出包含消费者和企业两部分。同时同样允许效用之间一定的人际比较,采用传统功利主义的社会效用函数进行分析。则政府的目标函数可表示为

$$G = \lambda_\Pi \Pi + \lambda_U U + \lambda_g g$$

其中,$\lambda > 0$ 为系数,Π 为企业的目标函数,U 为消费者效用函数,$g = g(\rho, D)$ 为政府追求自身目标的效用函数,与公众对政府的信任度 ρ 和政府开支 D 有关。公众对政府的信任度是维持社会稳定和政府合法性的重要影响因素,因此公众信任度和政府自身的效用之间为正相关,故 $\frac{\partial g}{\partial \rho}(\rho, D) > 0$;而政府开支,针对食品企业体现为对于食品安全的检测费用以及官员的人力成本等,与政府自身效用之间为负相关的关系,故 $\frac{\partial g}{\partial D}(\rho, D) < 0$。因此,不妨如下假设政府自身的目标函数(其中 ξ 为系数):

$$g = g(\rho, D) = \xi \frac{\rho^2}{D}$$

故政府的目标函数可以表示为

$$G = G(p, \theta, \rho, D) \lambda_\Pi (MpK^\alpha + N\theta S^\beta - B) +$$
$$\lambda_U \left[u_0 + \frac{\varepsilon \theta^2}{2p}(R_1 + R_2) \right] + \lambda_g \xi \frac{\rho^2}{D} \tag{5-2}$$

5.3 媒体曝光对食品供应链主体的影响

5.3.1 博弈模型的基本框架

食品安全监管中的博弈方主要有两个,包括企业和政府。假设政府为

所有食品企业制定了有关于食品安全的生产标准,在这一背景下,企业的策略为遵守或违背,而政府的策略为监管或放任。当企业遵守标准,或违背标准被政府发现时对不合格产品追回;而当企业违背标准,同时政府采取放任态度时,质量缺陷食品流入市场,问题食品有可能被新闻媒体曝光(图5-1)。

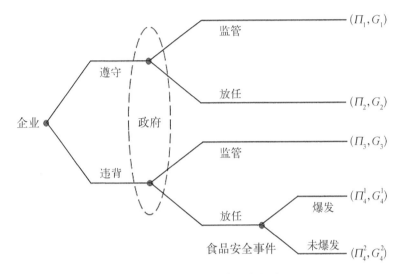

图5-1 食品安全监管的博弈模型

假定政府、企业和消费者都拥有"集体理性",追求自身利益的最大化。博弈方自身的战略选择不仅会对其自身的得益产生影响,同时也可能改变其他博弈方的得益水平。因此,分析在不同情境下的企业得益情况。

(1)遵守安全生产标准对企业得益的影响。大量既有文献研究表明,遵守政府制定的相关食品安全标准会给企业带来额外的生产成本。王志刚等(2006)指出此体系的运行成本远超其构建成本,影响企业构建成本的主要因素包含其初始的卫生水平、现行设备、工艺流程、检测能力以及人员素质等。与此同时,Hazilla(1990)的研究同时表明,与食品生产相关的规制会导致企业生产率的下降,进而带来企业生产成本的提高。Antle(2000),Nganje 等(2000)以及 Ollinger 等(2003)先后采用计量方法测算得到食品规制导致企业生产成本每磅提升 1.3、0.04~43.5 和 0.9 美分。因此,如果企业遵守安全生产标准,会给企业带来额外的初始成本和运行成本,有可能会增加生产成本和提高售价。

（2）监管行为对政府得益的影响。政府对食品安全监管的监管成本主要可以分为监管决策成本、监管执行成本和监管失灵成本三部分。从狭义上来说是指政府在监督管理食品领域全过程中所耗费的人力、物力和财力（卓越 2004）。政府对食品企业生产行为的监管，会导致上政府开支的上升，从狭义上讲，如果不考虑政府监管行为所可能带来的潜在效益，则对企业的监管行为会从一定程度上降低政府自身的得益。

（3）食品安全问题被曝光对企业和政府得益的影响。Hornibrook（2005）等提出，由于购买风险食品所造成不利后果的严重性要远大于购买一般的产品性能达不到预期目标，消费者在食品安全风险规避方面格外审慎。而 Buzby（2001）和 Verbeke（2001）进而指出当食品安全隐患曝光时会导致价格波动、对产品消费量的降低以及对涉事企业甚至是整个食品产业带来负面影响。在国内学者中，李玉峰等（2015）基于恐惧管理双重防御的视角分析得出，消费者的购买意向会在食品安全隐患曝光后的短时间内出现较大幅度的下降，下降程度主要取决于食品安全隐患对购买者的负面情绪及其态度的影响范围。周开国等（2016）也指出，食品安全隐患曝光后，涉事企业在资本市场上将遭受显著的经济损失，来自市场的压力迫使其及时改善食品安全问题。结合以上讨论可以认为，食品安全隐患曝光后，涉事企业的声誉会出现下降，一方面消费者对其产品的需求会减少并导致产品价格的下降，另一方面企业也不得不投入质量改造成本，通过生产安全的食品努力挽回消费者的购买意向。

在问题食品对政府的影响方面，一旦食品安全隐患曝光并转换为社会性问题，对政府而言将会导致行政问责等后果（王艳林 2009），同时"不作为"的印象也会给政府在消费者心中的形象和公信力造成负面影响。另一方面，刘媛媛等（2014）通过对三聚氰胺事件的分析表明，消费者对政府的信任程度对其购买回复水平有显著影响，而政府在致力于恢复公众信任的危机公关过程中，其一举一动都会受到公众的审视，对政府形象本身造成"挤出效应"。因此，食品安全隐患的曝光会导致公众与政府信用度的下降，而政府不得不花费更多的成本来挽回公众对其的信任。

5.3.2 不同情形下企业与政府的得益情况

根据企业—政府博弈模型的建立,主要存在四种不同的情形(图5-1):企业遵守标准,政府监管;企业遵守标准,政府放任;企业违背标准,政府监管;企业违背标准,政府放任。而最后一种情形又分为两种不同的情况:食品安全隐患曝光或未曝光,由于食品作为信任品的特点或是消费者之间集体行动逻辑的存在,导致食品安全问题的曝光存在具有随机性,对此,可将最后一种情形双方的得益按照食品安全隐患曝光的概率进行加权(张国兴等2015)。接下来对这四种情形双方的得益进行分析。

(a) 当企业遵守生产标准,且政府监管企业时,企业将生产安全的食品,政府同时也付出了监督企业的成本。

(b) 当企业遵守生产标准,而政府放任企业时,企业同样将为消费者提供安全的食品,但与前一种情况不同的是,政府的放任行为降低了自身的监督成本,但公众对政府的信任度也会造成影响。

(c) 当企业违背生产标准,而政府监管企业时,由于企业向市场提供了存在风险的食品,而政府在监管过程中通常会责令其定期整改,因此可以预见企业会投入大量的技术改造成本以达到标准要求;此外,政府也会以各种形式向公众进行曝光,进而企业在公众心目中的声誉度出现下降以及对产品需求的骤减,最终导致企业利润和消费者效用的降低,并直接影响政府的目标函数。

(d) 当企业违背生产标准,且政府放任企业时,(1) 若食品安全隐患没有曝光,一方面企业会由于"偷工减料"而获得更高的利润;大多数消费者由于无法察觉食品存在的问题,也会由于产品相对较低的价格而获得更高的效用;政府的效用一方面受到前两者的提升,另一方面也由于节省了监管成本而得到了提高。但(2) 一旦食品安全隐患被曝光,不仅企业的声誉以及对企业产品的需求会出现急剧的下滑,政府也会受到公众的指责导致对其信用度的下降,且政府需要付出更大成本来平息食品安全事件。综合以上讨论,可得出不同情形下企业、消费者和政府目标函数中参数的序列,其结果如下表5-1所示。

表 5－1 不同情形下的参数序列

情　　形	价格 p	企业声誉 θ	政府信用 ρ	政府开支 D
a 企业遵守,政府监管 (Π_1,G_1)	p_1	θ_1	ρ_1	D_2
b 企业遵守,政府放任 (Π_2,G_2)	p_1	θ_1	ρ_1	D_3
c 企业违背,政府监管 (Π_3,G_3)	p_3	θ_2	ρ_1	D_2
d 企业违背,政府放任 ¹隐患未被曝光 (Π_4^1,G_4^1)	p_2	θ_1	ρ_1	D_3
²隐患被曝光 (Π_4^2,G_4^2)	p_3	θ_2	ρ_2	D_1

其中: $p_1>p_2>p_3$, $\theta_1>\theta_2$, $\rho_1>\rho_2$, $D_1>D_2>D_3$

利用以上参数的大小关系,并结合公式(5－1)和(5－2)分析可进一步得到不同情况下消费者、企业和政府的目标函数序列,如表 5－2 所示。

表 5－2 不同情形下的目标函数序列

函　　数	不同情形下的大小关系
企业利润	$\Pi_4^1>\Pi_2=\Pi_1>\Pi_3=\Pi_4^2$
消费者效用	$U_4^1>U_2=U_1>U_3=U_4^2$
政府效用	$G_4^1>G_2>G_1>G_3>G_4^2$

5.3.3　不同情境下的决策均衡点

由于食品安全的曝光存在一定的概率 $(1-z)$,因此对于双方来说并不总存在占优策略(Dominant Strategy),也无法保证纯粹战略时能够实现纳什均衡。因此,有必要对混合策略纳什均衡进行考虑以全面分析在不同情况下企业与政府的行为模式。为了便于分析,假设企业采取"遵守标准"策略的概率为 x,则采取"违背标准"策略的概率即为 $(1-x)$;同样政府采取"监管"策略的概率为 y,则采取"放任"策略的概率即为 $(1-y)$,图 5－1 的展开型博弈可转化为下图 5－2 的策略型博弈来表述。

	y	$1-y$
x	$(\varPi_1, G_1)$	$(\varPi_2, G_2)$
$1-x$	$(\varPi_3, G_3)$	$(z\varPi_4^1 + (1-z)\varPi_4^2, zG_4^1 + (1-z)G_4^2)$

图 5 - 2 食品安全监管的博弈策略模型

5.3.3.1 企业的行为模式分析

由图 5 - 2 可知:当企业采取"遵守标准"策略时,其期望得益为 $E_x = y\varPi_1 + (1-y)\varPi_2$;

当企业采取"违背标准"策略时,其期望得益为 $E_{1-x} = y\varPi_3 + (1-y)[z\varPi_4^1 + (1-z)\varPi_4^2]$。

若存在 y^* 使得 $E_x = E_{1-x}$,根据表 5 - 2 中序列关系可得

$$y^* = 1 - \frac{\varPi_1 - \varPi_4^2}{z(\varPi_4^1 - \varPi_4^2)} = 1 - \frac{1}{z}\left[1 + \frac{\varPi_1(p_1, \theta_1) - \varPi_4^1(p_2, \theta_1)}{\varPi_4^1(p_2, \theta_1) - \varPi_4^2(p_3, \theta_2)}\right]$$

又有当 $z\varPi_4^1 + (1-z)\varPi_4^2 \geqslant \varPi_2$ 也即 $1 - z \geqslant \dfrac{\varPi_4^1 - \varPi_1}{\varPi_4^1 - \varPi_4^2}$ 时,企业选择遵守标准的得益总是大于违背标准的得益,因此当满足上述临界条件时企业的占优策略为遵守生产标准。而当 $1 - z < \dfrac{\varPi_4^1 - \varPi_1}{\varPi_4^1 - \varPi_4^2}$ 时,企业的行动策略就受到政府行动策略的影响:当 $y > y^*$ 时,企业将选择遵守生产标准;当 $y = y^*$ 选择安全生产与否对于企业来说没有区别,企业将采取任何可能的行动;当 $y < y^*$ 时,企业将选择违背生产标准。

综合以上的讨论可以得到企业的反应曲线,如下图 5 - 3 所示。根据图 5 - 3 不难得出:

(1) 当企业违背生产标准、政府放任企业的行为,最终隐患被媒体曝光的可能性处于较高水平时,无论政府采取怎样的行动,企业都会遵循标准,生产安全食品。

(2) 当企业违背生产标准、政府放任企业的行为,最终隐患被媒体曝光的可能性处于较低水平时,企业的行动受到政府策略的影响:若政府更加

频繁地监管企业,企业会选择遵守标准;若政府监管企业的概率很低,企业会选择违背标准,生产问题食品(图 5 - 3)。

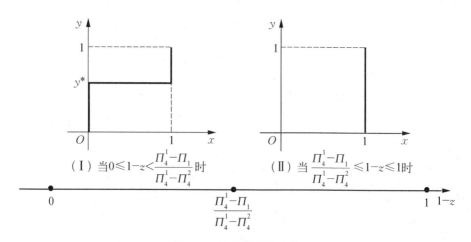

图 5 - 3　企业的最优决策

5.3.3.2　政府的行为模式分析

对政府可以进行同样的分析,当政府采取"监管企业"策略时,其期望得益为 $E_y = xG_1 + (1-x)G_2$;

当政府采取"放任企业"策略时,其期望得益为 $E_{1-y} = xG_3 + (1-x)[zG_4^1 + (1-z)G_4^2]$。

令 $E_y = E_{1-y}$,则可以得到 x 的最优解

$$x^* = \frac{z(G_4^1 - G_4^2) - \lambda_g(g_3 - g_4^2)}{z(G_4^1 - G_4^2) - \lambda_g(g_2 - g_4^2)} = 1 + \frac{\lambda_g(g_2 - g_1)}{z(G_4^1 - G_4^2) - \lambda_g(g_2 - g_4^2)}$$

又有当 $zG_4^1 + (1-z)G_4^2 > G_3$,也即 $1 - z < 1 - \dfrac{\lambda_g(g_1 - g_4^2)}{G_4^1 - G_4^2}$ 时,政府选择放任企业的得益总是大于监管企业的得益,因此当满足上述临界条件时政府的占优策略为放任企业。而当 $1 - z \geqslant 1 - \dfrac{\lambda_g(g_1 - g_4^2)}{G_4^1 - G_4^2}$ 时,政府的行动策略就受到企业行动策略的影响:当 $x > x^*$ 时,政府将选择监管企业;当 $x = x^*$ 选择是否监管对于政府来说没有区别,政府将采取任何可能

的行动；当 $x < x^*$ 时，政府将选择放任企业。

综合以上讨论，可以总结政府的反应曲线，如下图 5-4 所示。根据图 5-4 同样可以得到：

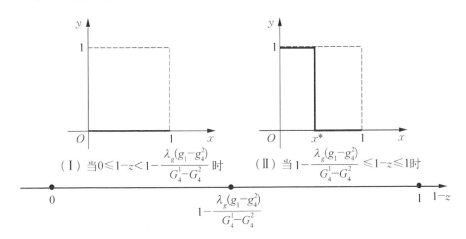

（Ⅰ）当 $0 \leqslant 1-z < 1 - \dfrac{\lambda_g(g_1 - g_4^2)}{G_4^1 - G_4^2}$ 时   （Ⅱ）当 $1 - \dfrac{\lambda_g(g_1 - g_4^2)}{G_4^1 - G_4^2} \leqslant 1-z \leqslant 1$ 时

图 5-4 政府的最优决策

（1）当企业违背生产标准、政府放任企业的行为，最终隐患被媒体曝光的可能性处于较高水平时，政府的行动受到企业策略的影响：若食品企业遵守标准的可能性高于一定水平，政府将采取放任策略；若违反标准的可能性高于一定水平，政府将采取监管策略。

（2）当企业违背生产标准、政府放任企业的行为，最终隐患被媒体曝光的可能性处于较低水平时，则无论企业采取怎样的行动，最终政府都会采取放任策略。

5.3.3.3 企业与政府博弈均衡分析与管理启示

若将政府和企业的反应曲线在统一坐标系中表示，则可得到博弈的纳什均衡。由于企业和政府的反应曲线同时受到被媒体曝光概率 $(1-z)$ 的影响，有必要对不同反应曲线的临界点进行讨论。两个临界点分别为 $\dfrac{\Pi_4^1 - \Pi_1}{\Pi_4^1 - \Pi_4^2}$ 和 $1 - \dfrac{\lambda_g(g_1 - g_4^2)}{G_4^1 - G_4^2}$，当 $(1-z)$ 达到临界点时能够改变企业和政府的策略选择。

对于给定的 λ_Π 和 λ_U，当 $\dfrac{\Pi_4^1 - \Pi_1}{\Pi_4^1 - \Pi_4^2} \leqslant 1 - \dfrac{\lambda_g(g_1 - g_4^2)}{G_4^1 - G_4^2}$，也即当 λ_g 满足

以下条件时，

$$0 \leqslant \lambda_g \leqslant \min\left(0, \lambda_g^* = \frac{\lambda_\Pi(\Pi_4^1 - \Pi_1) + \lambda_U(U_4^1 - U_1)}{(g_1 - g_4^2)(\Pi_4^1 - \Pi_4^2) - (g_4^1 - g_4^2)(\Pi_1 - \Pi_4^2)}\right)$$

企业和政府的反应曲线如下图 5-5 所示。

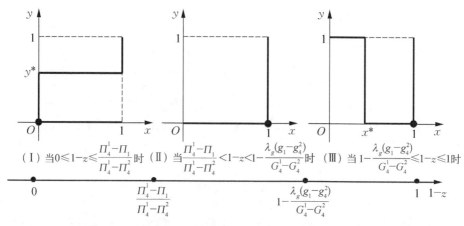

图 5-5　企业与政府的决策均衡点（$\lambda_g \leqslant \min(0, \lambda_g^*)$）

当 $\dfrac{\Pi_4^1 - \Pi_1}{\Pi_4^1 - \Pi_4^2} > 1 - \dfrac{\lambda_g(g_1 - g_4^2)}{G_4^1 - G_4^2}$，也即 $\lambda_g > \min(0, \lambda_g^*)$ 时，企业和政府的反应曲线如图 5-6 所示。

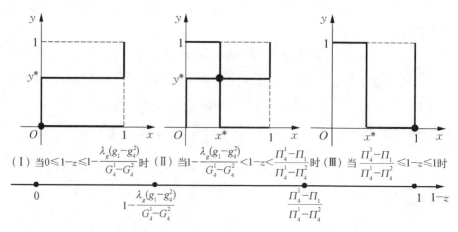

图 5-6　企业与政府的决策均衡点（$\lambda_g > \min(0, \lambda_g^*)$）

综合图 5-5 和图 5-6 可以发现,对于给定的 λ_Π 和 λ_U,

(1) 当企业违背生产标准、政府放任企业的行为,最终被媒体曝光的可能性处于低水平时,企业会选择混合策略,政府则缺少监管的动力,最后的纳什均衡为企业选择违背生产标准,政府选择放任企业;

(2) 当食品安全隐患被媒体曝光的可能性有一定提升时,如果 λ_g 即政府对于自身利益实现的偏好较小,也即企业改变策略的临界点较小,则能够使得企业的策略选择向遵守标准演变,但仍无法为政府提供足够的监管动力,最后的纳什均衡为企业选择遵守标准,政府选择放任企业。

由于政府对其自身效用的偏好处于较低水平,即对于给定 λ_Π 和 λ_U 的值,λ_g 处于较低水平时政府更有可能选择放任企业,因此提高政府对于其自身效用的偏好(减小政府改变策略的临界点)更有利于减少政府在监管企业中的不作为。而要想提高政府对其自身效用的偏好即 λ_g,可行的办法是上级政府加强对下级政府在食品安全方面的绩效考核等。

(3) 当食品安全隐患被媒体曝光的可能性进一步提升时,如果 λ_g 即政府对于自身利益实现的偏好较大,也即政府改变策略的临界点较小,则能够为政府提供一定的监管动力,促使政府在食品企业违背标准的概率较高时对企业实行监管,但无法足以改变企业的策略选择,最后纳什均衡为混合策略纳什均衡,企业以概率 x^* 遵守安全标准,政府以概率 y^* 监管企业。

政府对其自身效用的偏好处于较高水平,改变政府策略的临界点比企业更小,此时企业的选择是遵守标准或违背标准的混合策略:

$$(x^*, y^*) = \left(1 + \frac{\lambda_g(g_2 - g_1)}{z(G_4^1 - G_4^2) - \lambda_g(g_2 - g_4^2)}, \ 1 - \frac{\Pi_1 - \Pi_4^2}{z(\Pi_4^1 - \Pi_4^2)}\right)$$

因此,要提高在混合策略纳什均衡下企业生产安全食品的概率 x^*,可行的方法是增大 $(g_2 - g_4^2)$ 或减小 $(g_2 - g_1)$ 与 $(G_4^1 - G_4^2)$,结合目标函数分析,具体的策略包括:

(a) 减小 D_2 与 D_3 的差距,即通过政府自身降低监管企业的各项成本,提高监管企业的频率对企业形成威慑;

（b）扩大 ρ_1 与 ρ_2、θ_1 与 θ_2、p_1 与 p_3 的差距，即扩大社会对企业越轨和政府不作为行为的震慑作用，使企业充分意识到消费者对于风险食品"零容忍"的态度，从而迫使企业约束其行为。谢康等（2015）对于社会震慑信号的构建提出了具体可行的思路：利用技术与制度的混合治理，通过借助信息技术投资成本的下降，提高政府发现企业越轨的概率，再适度提高处罚力度以强化社会震慑信号的约束作用；在形成广泛的社会共识后，这种社会共识进一步形成民众对食品市场的信心，这种信心在市场中扩散，最终形成社会治理中震慑信号的发生与作用机制。

（4）当食品安全隐患被媒体曝光的可能性处于高水平时，不仅能促使企业的策略选择向遵守标准演变，而且能为政府提供相应的监管动力，最后的纳什均衡为企业遵守标准，政府放任企业，政府放任的原因主要是食品安全隐患曝光对企业所形成的惩罚机制在某种程度上取代了政府的监管职责。

由于当企业的不遵守食品安全标准和政府的不作为被媒体曝光的可能性处于较高水平时，企业总会采取遵守标准的策略，政府也会在企业不遵守食品安全标准可能性较大时给予打击，最终达到政府不监管的情况下企业也能自觉生产安全食品的最理想状态。因此，提高媒体对不合规行为的曝光率 $(1-z)$，能够促进政府加强监管和企业遵守生产标准的概率。

5.4　媒体曝光监管的典型案例博弈分析

食品安全危机的曝光使得公众对于这一领域的问题格外敏感。在国家持续高压的态势下，为何相关事件依旧层出不穷？本章以2014年发生的上海某喜事件为例，结合模型分析结果进行简要的分析和讨论。

（1）食品安全隐患被曝光前。在上述上海某喜案例中可以发现，在被媒体曝光之前，某喜已经开始生产问题食品，而相关政府并没有对其进行监管，不仅如此，根据2014年嘉定区政府公开信息显示，上海某喜公司甚至被评选为"嘉定新城食品安全生产先进单位（A级）"的称号。可以发现，被曝光前的某喜就处于企业违背标准、政府放任企业的最不理想的状态,其纳什均衡如下图5-7所示。

其主要原因在于,某喜作为食品生产领域的巨头,拥有很强的品牌影响力和政治资源,因此当其面临食品安全危机时相比较于其他企业有着更大的抗冲击能力,导致某喜公司认为其生产的问题食品被曝光的可能性较低。另一方面对于政府而言,由于技术能力等的限制监督机构对于企业的检测能力较弱,因而催生了食品企业不全受政府监控。因此,最终导致了风险食品的产生并流入市场。

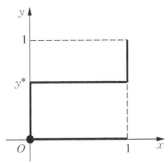

图5-7 某喜公司与政府的博弈均衡(食品安全隐患曝光前)

(2)食品安全隐患曝光后。在某喜食品质量事件被曝光以后,政府和企业的行为发生了巨大的转变(图5-8)。一方面,政府作为监管者尽管在媒体进行曝光后迅速采取了行动,但其公信力依然受到群众的广泛质疑,在整个事件处于较为被动的地位,与企业同样站在了舆论的风口浪尖。而另一方面,对于企业而言,某喜事件的曝光导致其在中国区的业务受到了极大影响,不仅是肉类,还牵连到了非肉类加工的蔬菜、农业和养殖业务,并于2014年9月在上海工厂裁员340人,2014年初在河南刚刚建成的产品线也被迫停止运营,其社会声誉也可谓是轰然倒塌。尽管目前某喜公司采取了一系列手段试图挽回其在中国的市场,例如在上海建设"欧喜亚洲质量控制中心",以

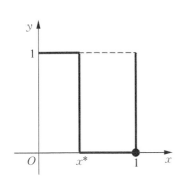

图5-8 某喜公司与政府的博弈均衡(食品安全隐患曝光后)

确保生产质量和食品安全、设立"欧喜中国食品安全教育基金"、开展食品安全知识的教育和普及推广活动以及建立与中国消费者积极沟通的平台等,但这些措施能否为消费者所接受目前仍然是一个未知数。

5.5　本章小节

　　本章通过构建企业、消费者和政府的效用函数,利用博弈模型分析了不同情况下企业和政府在食品安全监管中的行为模式,得出企业降低食品安全标准的行为被媒体曝光可以有效地改变企业和政府策略选择的关键因素。当食品安全隐患曝光的可能性较低时,企业倾向于不执行食品安全标准而政府缺少监管动力。而当媒体深入调查使食品安全隐患进一步提升时,企业选择食品安全标准而政府选择不监管。只有在媒体曝光使企业食品安全隐患曝光可能性再提高时,政府才选择加强监管,此时企业选择严格执行食品安全标准。本章通过对某喜事件的案例分析发现该事件的发展过程可以用本章所提出的博弈模型所解释,印证了本章所提出理论模型的正确性。

6

食品安全的消费者
"吹哨"监督

单一的政府管理模式不能满足公众日益增长的食品安全监管要求,引入内部人员、公众、社会组织等私主体参与共同治理已成为新兴的治理模式。而公众作为消费者以及食品安全的直接受益者,在发现食品安全问题上与商铺雇员类似,具有广泛的及时性和广泛性等特征。根据公众在食品安全事件中"吹哨"行为的不同途径和诉求,可以分为"投诉"和"举报"两种方式。在我国《市场监督管理投诉举报处理暂行办法》中的第三条中规定了两者的区别,即"投诉是指消费者为生活消费需要购买、使用商品或者接受服务,与经营者发生消费者权益争议,请求市场监督管理部门解决该争议的行为","举报是指自然人、法人或者其他组织向市场监督管理部门反映经营者涉嫌违反市场监督管理法律、法规、规章线索的行为"。换言之,投诉是消费者要求市场监管部门调解自己与经营者之间的纠纷,更加侧重于获得补偿;举报则是公众向政府部门检举经营者的不法行为,更加侧重于对经营者的检查与查处。所以,我国外卖食品消费者在遇到食品质量问题时的投诉通常会以消费者和商家的私下协商为主要解决途径,而举报意味着政府介入食品安全线索调查并追责,从而从根本上解决食品安全风险。因此,本章将研究政府如何引导消费者对食品安全风险举报的"吹哨"行为。

消费者在选择举报时分为制度性举报与非制度性举报,两者顾名思义,制度性举报是指公众经法律法规、规章制度等规范流程,向有关部门检举食品商家的违规操作以期监管部门按规定对被举报方进行调查,并在必要时进行处罚。在食品安全领域,制度性举报一般包括食药监局、卫生监督部门、公安机关、管理平台等。而非制度性举报则处于法律法规和规章制度等的范围之外,由公众、法人等向有一定影响力的非政府组织提供经营方违法行为的情况与线索以期对被举报方的行为造成约束,常见的非制度性举报渠道有媒体、消费者协会、律师事务所等。由于制度性举报的整个流程都处于法律法规与规章制度的约束之下,更具有权威性和有效性。反观非制度性渠道,由于缺乏严密的制度保护,举报人的权益往往不能得到有效保护,且举报证据的不规范收集反而可能影响举报效果,甚至引起不必要的纠纷与社会恐慌。例如,被媒体曝光的食品安全风险信息具有传播快、传播广及可能的信息不实性等特征,虚假的信息在网络中快速传播极易误导民众并造成社会的恐慌(郑建君 2013)。因此,非制度性举报固然重要,如何引导消费者及时高效地向政府或外卖平台举报不法经营才是将广大消费者利益损失降到最低的最有力举措。

根据信任理论,信任是合作的基础,只有在消费者充分信任制度性合作治理机制时才会积极参与其中。信任有助于增强各主体之间的互动与交流,从而更好地实现合作治理的目标(谢康等 2017,Martinez 等 2007)。因此本章的第一个研究问题将验证其在食品安全治理消费者参与实践的适用性:政府部门和外卖平台的信任是否会推动消费者进行制度性举报(即政府/外卖平台的举报系统)?除此之外,非制度性举报渠道因具有灵活、快速、自由等优势也在日常中频繁使用。以媒体为例,在网络信息发达的当下,个体通过第三方媒体传达信息的门槛降低,且媒体/自媒体上关于商家的评价信息会对潜在消费者的消费意愿造成较大的影响,是任何一个商家不能忽视的。而且媒体曝光不仅能威慑违规者,还能促进高质量的生产者通过质量认证披露质量信息,发送质量信号(Leifer 和 Mills 1996,吴元元 2012)。同时确也有不少学者呼吁应该让媒体在食品安全事件中发挥"雷达"作用,及时发出不良食品安全信号(Shaw 1998)。因此,公众在制度化举报中没有获得满意的解决结果,或认为自己的举报未被重视、未得到应有回应时,会选择向媒体进行非制度化举报以引起更多人的关注,从而维护权益。故本章的第二个研究问题以验证该观点:当消费者出现了对公私治理体系的不信任,是否会转向非制度化的方式(媒体曝光)来向监管系统试压以推动治理体系作出回应? 为此,本文将以外卖食品为例研究消费者通过制度化举报(政府举报渠道、外卖平台举报渠道)和非制度化举报(媒体曝光)进行"吹哨"的意愿和影响因素。

6.1 消费者"吹哨"的基本研究假设

6.1.1 政府和平台信任

信任是合作治理的基础,它被普遍认为是一个动态的过程。在合作初期往往因合作双方不具备对方的足够信息而具有信任的高风险性,但随着合作达成后的积极反馈,会加深对合作方的信任度与依赖性,从而更容易地达成各个合作主体的共同行动(段林萍 2017)。在食品安全领域公众参与的前提需要公民对政府的足够信任(齐萌 2013),公民的政治信任对公民的政治参与有显著的正向影响(郑建君 2013)。虽然控制与信任是相斥的,信任越多意味着组织中的控制越少,但具有严格政策规定的体系下,控制会因更高效的集体管理而存在。政治信任对公众参与的影响被不断地证实(段林萍 2017),政治信任被认为有利于促进警民关系,提高公众参与公安工作的积极性以形成良好的社会氛围。对政府的高满意度有利于提升公众的政府信任,政治信任会促进公众形成对政府行为的积极舆论(Macdonald 2023),从而进一步地有助于政府的危机治理(Weinberg 2022)。在目前我国食品安全领域公私协同治理体系中,政府作为政策的制定者与执行者、权利的授予者,对消费者来说意味着更强的公正性和权威性。虽然消费者在食品安全领域对政府的总体信任水平一般,但顾客的信任水平是促进其消费意愿的关键(徐载娟 2020),为促进各治理主体间的合作,政府、社会组织与个体之间的信任关系尤为重要(宋慧宇 2015)。故本章认为,居民对政府监管的信任对增强其参与公私治理的意愿,具体表现为向政府进行制度化举报。

此外,随着互联网经济的来临,电子商务展现出强大的生命力和活力,外卖平台对人们日常生活的渗透也逐渐加深。用户对各大平台的选择与使用频率决定了平台的发展,因而各平台作为商家与消费者之间的桥梁,不仅需要吸引更多的商家入驻以增强竞争力,还需要通过配送透明、售后服务等来获取消费者的信赖以维持客户黏性。例如,引入了科技特派员机制的"特食汇"农产品销售平台被创造性地提出以期缓解公众平台信任度低的问题(金依婷 2018)。食品安全质量问题的根源在于信息不对称,因而加强消费者制度信任以降低双方交易成本,以及强化商户安全生产都至关重要(刘敏2021,王家宝等 2022)。外卖平台需要监督外卖商户的规范经营,这既是平台的义务也是政府授予的权利。外卖平台需要对入驻的商户实行商业管理,从信用与食品安全两个维度进行风险评级,对高风险等级的商户依法依规处理。除此之外,根据《电子商务法》第 38 条第 1 款规定:"电商平台知道或者应当知道平台内经营者销售或提供的服务不符合保障人身、财产安全的要求,或者有其他侵害消费者合法权益行为,未采取必要措施的,电商平台依法与该平台内经营者承担连带责任。"因此,外卖平台的举报机制一直种在政府的授权下实现私人治理的方式。因此,平台通常会被认为是有意愿且有能力妥善处理风险事件。消费者对于平台的信任越高,那么他们面临食品安全风险事件时的举报意愿也会越强。综上所述,笔者提出如下研究假设:

H1a:政府信任高的消费者倾向于进行制度化举报。

H1b:平台信任高的消费者倾向于进行制度化举报。

6.1.2 健康素养

健康素养最初的目的是为学生制定出健康素养的规范标准,在此之后,学者们才开始了关于健康素养的研究。健康素养一般被认为是"个体具有理解、搜索,表达健康信息以及服务的一种能力,并能运用该能力改善自身健康水平"(Wei 和 Salvendy 2004)。一般认为,性别、年龄、收入水平以及教育水平等都会对个体的健康素养水平产生影响。近年来民众的健康意识不断增强,居民对自身健康素质的关注使得对食品品质追求增加。所以,可以说对食品安全的关注是民众健康素养的表现之一(聂雪琼等 2020)。国家也在大力推行"健康中国"的理念以呼吁民众关注自身健康问题,保持强健体魄。

健康素养变量常常被用于民众环境保护意愿的研究中,健康素养被认为能都显著促进民众参与环境保护治理中(Altman 等 2023)。Sandhaus (2018)等学者曾开展一项科学实验,向某一社区的居民提供环境质量相关培训,接收完整培训的居民被认为更具有环境健康素养,而这部分居民确表现出更高的环境治理参与度与社区满意度。食品安全健康素养同时也是个体关于食品的选择意愿及行为的重要驱动因素(付少雄和胡媛 2018,张武科和金佳 2018),具有高健康素养水平的消费者,对于虚假信息的辨别能力越强。关注食品安全事件、常与家人朋友谈论食品安全问题的高健康素养人群对食品安全健康话题有更高的卷入度,即此类消费者的基本内在需求、价值观等会感知到与食品安全问题的关联性更强,而高卷入度通常意味着更强的信息接受度,对健康问题有更强的感知(Montagni 等 2021,Nelson 等 1997)。因此,倾向于购买健康食品的高健康素养人群在遇到食品安全问题时,很可能具有更高的敏感性,也因此有更强的动机采取相关行动以维护自身权益。

另外,根据风险察觉(Risk Perception)概念,个体会对客体事件进行整体的风险感知,并评估出理解、掌控客体风险的程度。由于不同个体有不同的评判标准,故而不同人对同一事件得到的不同评估结果会影响其做出不同的行为决策(Arkes 和 Hammond 1986)。一般来说,个体对事件的"卷入度"与风险察觉密切相关,因为高卷入度会促使个体进行主动的信息风险评估(Trumbo 2002),高健康素养的消费者意味着具有更高卷入度,有更高的食品安全信息的搜寻意识。在面临食品安全风险事件时,人们更容易因卷入度在风险感知中形成的风险放大效应而在面对同一食品质量问题时提升风险等级并激发出更强烈的不满情绪。因此,当这类具有高健康素养的消费者在面临食品安全风险事件时,强烈的负面情绪可能会加强其举报的意愿,从而表现出对信任机制与举报意愿关系之间的调节作用。由此,笔者进而提出研究假设 2。

H2a:健康素养有助于提高消费者进行制度化举报的意愿;

H2b:健康素养能够正向调节制度信任与举报意愿的关系。

6.1.3 非制度化举报

消费者在面临食品质量问题时,通常有制度化和非制度化两种举报渠道选择。制度化举报是指在一定的制度规范下,向包含工商局,食药监管部门等在内的有关部门进行检举以实现对违法、违纪、失职等行为的监督、纠错甚至惩戒。政府监管部门举报与外卖平台举报都有较为明确的举报路径和规范,因此本章中的制度化举报是指向政府监管部门举报与外卖平台举报两个渠道。而非制度化举报则是指不受到国家法律、规章、条例、程序等影响的举报行为,一般是未经国家相关部门批准,公众自发组织实施的举报行为。本章中的非制度化举报是指消费者选择向媒体曝光商家的食品质量问题。

制度化举报制度的低效与非制度化举报的灵活便利激发了消费者进行非制度化举报的意愿。首先,制度化举报渠道的不完善,使得政府及有关部门被认为没有能力或无法及时有效地处理举报信息。虽然制度化举报能更好地保护举报人的个人信息以免举报人的人身、财产安全等受到威胁,但一般举报流程的透明程度不高,举报人难以获得及时的举报反馈,制度化举报的无效会刺激消费者另寻他途以达到目的。不可否认的是,并不是所有人都对制度体系抱有信心,此类人群的制度化举报意愿会更低(袁湘玲 2022)。

其次,举报的本质是通过揭露并查处经营商的不法行为来促进社会公共利益,个人利益损失的补偿并不是举报行为首要目的,因此以媒体为代表的非制度举报方式同样可以通过组织的影响力向社会曝光,以更加灵活便利的方式达到与制度化举报同样的效果。由于互联网的快速发展,民众进行非制度化参与的能力提升,影响力增强。相较于其他渠道或媒介,互联网能够使信息的传递不受时空、时间等限制,大大降低了公众参与非制度化举报的成本(陈丽君 2021),同时,互联网中各行为体皆是平等的,没有所谓强权与中心,覆巢之下无完卵,集体行动的出发点都源于维护社会公共利益以保全自身利益,因此媒体曝光与互联网交流的便利性使得利益群体极容易结团并形成带有利益诉求的舆论,引起公众对食品安全问题的关注与警惕,并形成对企业安全生产的督促,甚至进一步对政治系统的运行产生影响。因此,本章提出研究假设3。

H3：低制度化举报意愿的消费者更倾向向媒体曝光食品问题。

6.2 食品安全消费者"吹哨"的数据测量

本章研究数据均来自问卷调查，本章通过网络平台共计发放 1 000 余份问卷。具体过程为向潜在被试发送邀请短信，被试若确认参加调研便可点击短信中的链接开始答题，回答结束后可获得一定金钱奖励。最终，本部分研究共收集到 1 064 份数据结果，在剔除无效数据后保留 1 058 份。其中男女被试占比分别为 49.7% 和 50.3%，年龄分布情况为 18～30 岁 30.9%；31～40 岁 30.7%；40 岁以上 38.4%，总体样本分布均衡，可期待其有可靠的分析结果。问卷的设计主要参考过往的研究经验，本章借鉴 Trüdinger (2017)，Han 和 Zhai(2020)等学者的研究设计了关于信任的李克特 7 级量表，得分越高意味着信任程度越高。关于健康素养的测量，本章主要参考了 Lally 等(2011)设置的测量量表。最终的问卷设计参见附件 2。

本章对自变量(消费者制度信任)测量主要围绕食品安全制度性治理主体——政府及平台(周巍和申永丰 2006)。消费者的制度信任可分为弥散性信任和特定信任，前者是对政治系统道德性和主观驱动的深层心理导向，后者是政府(具体)表现的评价，因此本章设置以下 3 个问题进行测量：(能力感知)"您是否认为，① 政府有关部门/② 外卖平台有能力管理好食品安全"；(目的感知)"您是否认为，① 政府有关部门/② 外卖平台对食品安全的管理是为了社会所有人的最大好处"；(实施情况感知)"您是否认为，① 政府很好地履行了食品安全管理工作(如对违法食品罚款、对餐饮店巡检等)/② 外卖平台能够很好地履行了食品安全管理工作(如严格要求餐饮店铺、抽查等)"。以上问题均使用李克特 7 级量表进行测量，由 1 非常不符合到 7 非常符合逐级加强信任程度。最终数据处理阶段将 3 个题项加总求和，进行标准化处理，该数据同样在回归模型中通过了共线性测量。

关于健康素养变量的测量，本章借鉴参考了 Lally 等(2011)关于健康饮食的问卷，设置了"您在过去的两周内，您多久吃一次新鲜水果"；"在过去的两周内，您多久吃一次蔬菜(新鲜、煮熟或油炸)"；"在过去的两周内，您多久吃一次高脂肪食物(例如,比萨饼、薯条、带调味料的食物)";"在过去的两周内,您多久吃一次甜食(例如巧克力棒或威化饼、蛋糕)"等 12 个问题的 7 级李克特量表测量公众对于健康/不健康食品的摄入频率与态度,在加总结果并排除可能存在的共线性影响后,可得到本章的健康素养变量。

本章的因变量为消费者参与食品安全领域公私协同治理体系的意愿,具体表现为面临食品安全问题时的举报意愿。由于举报人与监管主体之间具有"不同的监管能力",两者能力的结合可以合作构建出更完整的风险蓝图以实施管理措施(Cranston 1979)。举报人的披露信息也不仅可以与包含政府一类传统的监管部门分享,还可以与其他更适合调查和改善风险的机构共享(Easton 1975)。因此这本章选择政府举报渠道、外卖平台举报渠道以及媒体渠道三个维度进行测量。测量问题分别为"如果您面临外卖食品安全问题(如食用后拉肚子,食品有小虫等),您向政府/外卖平台/媒体举报的可能性有多大",回答结果仍为 7 级李克特量表,从 1 到 7 可能性逐级提升。

6.3 食品安全消费者"吹哨"的实证分析

为验证本章的研究假设,本节使用 SPSS26.0 对各变量进行线性回归,以消费者对不同渠道(政府/平台/媒体)的举报意愿为因变量,以消费者对政府/平台的信任程度为自变量,以消费者的健康素养为调节变量都纳入回归模型进行逐一验证,其中各 R 方值均在可接受范围内,回归结果有意义(见表 6-1)。

表 6-1　制度化渠道回归结果表

变　　量	政　府　渠　道		平　台　渠　道	
	模型一	模型二	模型三	模型四
	B	B	B	B
性别	−0.288*	−0.285*	−0.033	−0.029
	(0.093)	(0.093)	(0.075)	(0.075)

变　　量	政府渠道		平台渠道	
	模型一	模型二	模型三	模型四
	B	B	B	B
年龄	0.004	0.004	−0.005	−0.004
	(0.006)	(0.006)	(0.004)	(0.004)
教育水平	−0.134*	−0.139*	0.011	0.006
	(0.063)	(0.063)	(0.050)	(0.050)
婚姻状况	−0.206	−0.187	−0.097	−0.062
	(0.176)	(0.178)	(0.141)	(0.142)
未成年子女	−0.084	−0.085	0.106	0.097
	(0.130)	(0.130)	(0.104)	(0.104)
政府信任	0.375***	0.393***	0.230***	0.227***
	(0.054)	(0.055)	(0.043)	(0.044)
平台信任	0.198***	0.194***	0.039	0.059
	(0.054)	(0.055)	(0.043)	(0.044)
健康素养	0.061	0.064	0.193***	0.188***
	(0.047)	(0.047)	(0.038)	(0.038)
政府信任 * 健康素养		0.025		−0.091***
		(0.049)		(0.040)
平台信任 * 健康素养		−0.086		0.020
		(0.053)		(0.042)
R方	0.128	0.130	0.071	0.076
伪R方	0.121	0.122	0.064	0.067

注：括号内为标准误差，* 表示 0.05 显著度；** 表示 0.01 显著度；*** 表示 0.001 显著度

6.3.1　政府/平台信任对消费者举报意愿的影响

表 6-1 中模型一和模型三分别展示了自变量"消费者政府信任"对其选择制度化举报渠道意愿的影响程度。结果显示，政府和外卖平台的回归系数分别为 0.375($p<0.001$)和 0.230($p<0.001$)，即在面对食品安全风险事件时，对政府信任度越高的消费者，通过制度化举报渠道进行举报的可

能性显著越高,本章 H1a 成立。

对于平台信任度对消费者举报意愿的影响,表 6-1 中模型一和模型三分别展示了自变量"消费者平台信任"对其选择制度化举报渠道意愿的影响程度。结果显示,政府和外卖平台渠道的回归系数分别为 0.198($p <$ 0.001)和 0.039($p >$ 0.05),即在面对食品安全风险事件时,对平台信任度越高的消费者,通过政府渠道进行举报的可能性显著越高,但对平台渠道举报意愿未见显著影响。本章 H1b 部分成立。

6.3.2 健康素养对消费者举报的直接与调节作用

从表 6-1 的模型一和模型三中可以看出健康素养作为自变量对消费者选择制度化渠道进行举报意愿的影响,结果显示,政府与外卖平台渠道的回归系数分别为 0.061($p >$ 0.05)和 0.193($p <$ 0.001),即在面对食品安全风险事件时,具有越高健康素养的消费者,通过平台渠道进行举报的可能性更高,而健康素养因素对消费者在政府渠道的选择上未见显著影响。该结论部分印证 H2a。

另外,在模型 4 中可见"健康素养"作为调节变量负向调节了自变量"消费者政府信任"对因变量"平台举报意愿"的积极影响,回归系数为 -0.091($p <$ 0.001),根据交互效应图(见图 6-1)显示,健康素养越高的消费者,在面对食品质量问题时的平台举报态度越谨慎。这意味着在面临食品安全风险事件时,消费者健康素养越高,反而会削弱政府信任对平台渠道举报意愿的激励作用。该结论与 H2b 正相反。

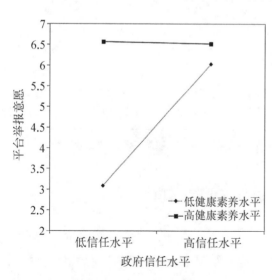

图 6-1 政府信任与平台举报意愿的中介效应

6.3.3 消费者渠道选择意愿

对于消费者在举报时的渠道选择意愿上,表6-2中的模型五和模型六分别展示了自变量"政府信任"与"平台信任"对其选择非制度化渠道(媒体)的影响程度。结果显示,消费者对政府和对外卖平台的信任都会积极影响其向媒体举报食品安全问题,回归系数分别为0.375($p<0.001$)和0.198($p<0.001$)。在模型七中显示,"健康素养"可正向调节消费者平台信任对其进行非制度渠道举报的促进作用,回归系数为0.134($p<0.05$)。除此之外,仍可从模型七中得知,消费者的政府渠道举报会显著促进其向媒体举报,回归系数为0.951($p<0.001$),换言之,进行了政府制度化举报的消费者向媒体曝光的可能性更大,此结论与研究假设3正相反,研究假设3不成立。

表6-2 非制度渠道回归结果表

变 量	媒 体 渠 道		
	模型五	模型六	模型七
	B	B	B
性别	−0.288*	−0.285*	−0.033
	(0.093)	(0.093)	(0.075)
年龄	0.004	0.004	−0.005
	(0.006)	(0.006)	(0.004)
教育水平	−0.134*	−0.139*	0.011
	(0.063)	(0.063)	(0.050)
婚姻状况	−0.206	−0.187	−0.097
	(0.176)	(0.178)	(0.141)
未成年子女	−0.084	−0.085	0.106
	(0.130)	(0.130)	(0.104)
政府信任	0.375***	0.393***	0.230***
	(0.054)	(0.055)	(0.043)
平台信任	0.198***	0.194***	0.039
	(0.054)	(0.055)	(0.043)

变　　量	媒 体 渠 道		
	模型五	模型六	模型七
	B	B	B
健康素养	0.061	0.064	0.193***
	(0.047)	(0.047)	(0.038)
政府信任 * 健康素养		0.025	−0.074
		(0.049)	(0.04)
平台信任 * 健康素养		−0.086	0.134**
		(0.053)	(0.043)
政府举报意愿			0.951***
			(0.044)
平台举报意愿			0.015
			(0.042)
R 方	0.092	0.094	0.415
伪 R 方	0.085	0.085	0.408

注：括号内为标准误差，* 表示 0.05 显著度；** 表示 0.01 显著度；*** 表示 0.001 显著度

6.4　食品安全消费者"吹哨"的结果讨论

公众作为食品安全公私治理体系中的私主体，是本章的研究对象。本章发现，公众在面临食品质量问题时举报意愿的影响因素与雇员相类似，都会出于对政府和平台的信任而选择制度化的举报渠道。但与雇员不同的是，公众作为消费者不会因可能的身份曝光而丢掉赖以生存的工作，因此互联网和媒体对其来说是行动门槛更低的选择，公众同样会选择此类非制度化的举报渠道进行维权。因此，本章基于此面向公众收集到 1 000 余份数据，对消费者治理体系信任与举报意愿的影响作用展开回归分析，得到了以下的研究结果。

6.4.1　政府/平台信任正向促进制度性举报

在政府/平台信任方面，本章发现消费者对政府的信任会正向激励其进

行以政府监管部门为公共治理、以外卖平台和媒体为私人治理的制度化举报渠道的意愿。过往研究也常得出类似结论,即制度信任有助于增加公众对自我权利的认同度,并有助于刺激社会治理的公众参与(Savage 和 Hyde 2015)。对于食品安全问题的举报行为体现出了公众作为消费者具有知情权、监督权,通过举报的方式提出个人诉求是解决问题的重要途径,也是公众参与食品安全公私协同治理的重要途径(莫家颖等 2020)。值得注意的是,消费者对外卖平台的信任虽同样有助于正向激励其向政府监管部门的举报意愿,但对其向平台举报并不具有显著的影响,换言之,消费者对外卖平台的信任程度并不会影响其在平台进行食品安全举报的可能性。本章认为有两种可能的解释:

第一,平台是消费者与商家食品交易的"中间人"。一般来说,消费者与商家并不能直接接触,双方的买卖交易都以中介平台为基础。外卖平台上的商家普遍呈现出规模小的特征,这意味着商家投机行为造成的潜在损失较小。但平台为了增强客户黏性,平台需要通过声誉反馈机制和举报惩罚机制来增强消费者的信任信念以提高购买意愿(Savage 和 Hyde 2015)。因此,当消费者通过平台在商铺买到了存在食品安全问题的商品时,平台对于消费者来说是也是整个事件发生的"亲历者"和"裁判员"。换言之,存在质量问题的外卖商家被认为是由平台"认证"并"展示"给消费者的。在这种情况下,消费者从某种程度上会认为外卖平台对于不良后果具有责任。

第二,外卖食品出现安全问题时,消费者进行"维权"面临较大的时间成本和调查成本。为此,近年来外卖平台纷纷推出了食品安全强制保险等保险品种,并通过外卖平台"先行垫付"的形式对消费者提供补偿。这种情况下。消费者向平台进行投诉举报通常是出于对损失的"求偿"。因此,消费者对平台治理能力的信任程度不会影响消费者通过外卖平台进行投诉举报的意愿。也即,本章得到了重要研究结论之一:消费者对政府的信任能够显著促进其进行制度化举报的意愿,因此政府信任在社会问题治理中十分重要。

6.4.2 健康素养降低了消费者政府信任对平台举报的积极影响

健康素养水平更高的消费者被普遍认为是更关注自身的健康,更愿意为健康投资的(Gerend 和 Cullen 2008)。具有较高健康素养的消费者愿意运用健康素养能力来"改善自身健康水平"(付少雄和胡媛 2018)。外卖行业为健康素养人群提供了更多选择,当健康素养较高的消费者面对食品安全风险或食品安全事件时将具有更强的动机来向平台举报食品安全风险线索。多年来,随着居民生活水平的提升,我国居民健康素养水平不断提升,对于食品安全的关注度也不断提高。本章研究结果表明,居民健康水平有助于提高居民参与食品安全监管的意愿和能力,有助于加速推进食品安全社会共治的大局。

当然,在本章研究中也发现健康素养弱化了政府信任对平台举报的关系。也就是说,高健康素养的消费者面临食品安全事件时,他们与低健康素养的消费者相比没有强烈的意愿去举报。这个研究结果与我们的研究假设不一致,但是这个结果却是可以从健康素养与生活习惯的角度进行解释。一项在加拿大开展的研究发现,健康素养高的人群有更高的概率自己准备早餐,且发生食品安全风险事件的概率更低(崔睿和马宇驰 2018)。健康素养高的消费者在外卖平台购买时,也通过自身健康素养知识来筛选可信赖的商家,从而降低了食品安全风险的概率。高健康素养的消费者通常意味着较高的经济能力和知识水平,因此他们更容易了解到食品安全的监管机制,即政府和外卖平台都在法定职责内完成监管职责。当出现食品安全风险事件时,政府既没有外卖平台对商户的商业和管理关系,又无法"越俎代庖"地履行外卖平台的监管责任。因此,高健康素养的消费者并不会出于政府信任而更多"连带"地相信平台并向平台举报食品安全风险线索。换而言之,低健康素养的消费者难以了解到政府与外卖平台的管理边界,从而由于政府信任而向平台举报食品安全风险线索。

6.4.3 政府举报意愿高的消费者更愿意通过媒体曝光风险

关于消费者举报渠道选择意愿的研究,本章在研究中假设低制度化举报意愿的消费者会更倾向于进行非制度化举报。但研究结果与假设相反，即倾向于向政府举报食品安全风险信息的消费者往往有更强烈的媒体曝光意愿。关于大众媒介的研究证实以互联网为依托的新媒体技术可有效拓展公众对公共事务的参与，并使政府在与舆论的互动过中提高公共决策的效率（Pepetone 等 2021）。

当前，食品安全举报的政府渠道通常包括向当地市场监管部门举报，或拨打全国统一的举报电话"12331"。若举报情况属实，食品安全监管部门会在作出行政处罚决定之日起的一定时间内，对举报事实、奖励条件和标准予以认定，并向举报人发出举报奖励的领奖通知。同时，举报人在收到通知之日起一定时间内（如 60 日），可凭本人身份证或者其他有效证件，到有关食品安全监管部门领取奖金。为了案例办理之中保密需求，监管部门与举报人之间的沟通方式通常以单线为主，即举报人在此过程中降低处于被动等待/接收监管部门信息的状态，举报人无法在举报后随时获得举报信息处理的进展情况。在这种情况下举报者可能会产生"阴谋论"并期望得到案件"公正"的办理。为此，消费者具有向媒体曝光食品安全问题的意愿，从而向政府施压、督促政府予以回应采取行动（王金水 2012）。由此结论可得，为避免引起社会的恐慌和政府监管的谣言，政府监管部门可以进一步明确并告知举报信息处理流程，降低举报者的焦虑感和不确定感。为此政府可以从以下两个方面入手提升监管效率。

第一，不断增强消费者的信任。对于平台的信任有助于个体进行制度化举报，但目前外卖平台作为私人治理体系并未获得个体的足够信任。因为食品安全问题仅靠政府部门为主体的集中式监管很难达到预期效果且成本耗费巨大，外卖平台在制约能力和信息收集方面具有优异，因此需要发挥外卖平台的监管作用和受理举报的作用。所以，进一步强化消费者对平台的信任至关重要。首先，应限制外卖平台的运营，对监管不力的平台予以通报、列入"黑名单"，并依法依规给予行政处罚。在提高了外卖平台的违法成本基础上，政府可进一步明确外卖平台的责任与义务，施行"授权型"策略，并通过与外卖平台之间的合作提高执法效率。同时，政府要求平台企业进一步明确网络餐饮企业的准入要求、举报惩罚机制、声誉反馈机制等措施，取得消费者信任。

第二,扩大政策宣传。本章研究也发现,个体对相关知识的掌握有助于制度化举报,因此举报政策的普及和健康素养的培养至关重要。鉴于个体对公私治理体系的信任(包括对问题处理能力的认可、举报人信息的保护等)在很大程度上影响到消费者的举报意愿。政府应进一步引导个体发现食品安全问题时积极反馈和举报。例如,多年以来我国各地实施了食品安全有奖举报制度并在落实过程中不断因时因地完善制度条款。为了进一步发挥食品安全有奖举报的制度效果,政府可以进一步扩大宣传,使得消费者进一步了解食品安全风险线索的举报程序、调查程序、个人信息保护等规定。

6.5　本章小结

本章将消费者和媒体作为公私协同治理体系中的"私主体"引入食品安全治理体系当中,探究对公共和私人部门的信任程度如何影响其举报意愿。同时健康素养被认为是影响消费者的重要因素,因此也被加入研究模型中。在本章中,1 000余份消费者数据被收集并处理,最终得到以下研究结果,包括:(1) 政府信任有助于促进消费者举报意愿;平台信任有助于促进消费者通过政府及媒体渠道进行举报,但它对平台渠道举报无影响。(2) 健康素养有助于促进消费者进行平台渠道举报;健康素养负向调节政府信任对消费者平台举报意愿的正向影响。(3) 进行了政府制度化举报的消费者向媒体曝光的可能性反而更大。

公众作为消费者也是公私治理体系中社会监管的重要主体,本章引入信任理论及"健康素养"概念构建分析框架以探究公众"吹哨"意愿及举报渠道选择的影响机制。研究发现,信任能促进主体间的合作,公众对于政府及外卖平台的信任均有助于加强其制度性举报意愿。同时,个体的健康素养水平代表了个体间对于食品安全问题的卷入度,高健康素养意味着更高的卷入度,对食品质量问题更加敏感,因此健康素养越高的消费者在发现食品安全风险时的举报意愿越高。根据本章对消费者举报渠道的选择意愿还发

现,举报食品安全风险线索的消费者常常倾向于选择向媒体曝光食品安全
问题来督促政府部门准确而快速地落实调查责任。这种媒体时代消费者食
品安全监管的行为模式也客观上要求政府部门进一步提高政策科普并提高
执法效率。

第 4 篇

监管创新推广：
政务创新的扩散路径

7

技术扩散：食品药品数字化创新的扩散路径

数字化时代政务创新具有时效性和易复制性的特征,探究政务创新成果的扩散机理有助于政府实现创新成果的快速推广使用,加速提升政府治理能力。本章以全国 31 个省级食药监部门公务微信公众号的推广使用为研究案例,基于创新扩散内部模型和外部模型分析创新扩散的关键路径。研究发现：府际竞争对于本省食药监系统政务微信创新起到关键作用;辖域内企业的信息化水平能够倒逼本省食药监系统政务微信创新;外部环境影响较低时,政府自身的网络服务能力能够带来自主式的政策创新。

7.1 食品药品监管的数字化创新

政务创新是政府行政方式改革的重要组成部分(廖锋江和周建国 2020),互联网和大数据催生了大量数据治理的方式。2020 年党的十九届五中全会明确提出要进一步"提升公共服务、社会治理等数字化智能化水平",为数字化时代政务创新提出了进一步要求。政务网站是互联网时代政务沟通的第一个数字化治理产品,2011 年后发展起来的政务微博逐渐成为信息沟通渠道,2013 年后政务信息沟通快速进入了微信时代(张志安 2014)。根据中国互联网络信息中心 2020 年公布的数据(中国互联网络信息中心 2020),我国微信活跃用户已经突破了 11 亿人,其中政务微信用户已经达到了 6.94 亿人。政务微信的功能从最初的信息发布,还逐渐拓展到了互动交流和服务办理等方面。研究表明政务微信极大地推动了政府治理方式的变革,强化了政务服务效率和互动性,推动政府行政权限、流程和边界的完善与重构,对加速形成信息透明、系统互动的服务型政府有重要作用(刘泾 2020)。

然而,政务微信公众号发展态势具有显著的不均衡性。张志安和罗雪圆(2015)对广东省市级以上政务微信做了分析,发现省内各地区之间政务微信的总量和功能上都存在较大差异,其中珠三角地区政务微信密度明显高于粤北地区和粤东地区。这种扩散的差异性反映了不同地区对于政务创新的吸纳能力和反应速度的差别(张辉 2015)。微信公众号作为一项数字化时代政策创新工具,影响其扩散速度取决于哪些因素?哪种路径是促进扩散的核心路径?这些都成了具有重要实践价值的学术问题。本章在把握现有政策扩散相关理论基础上构造政务创新扩散的基本框架,以全国 31 个省级单位食药监部门政务微信公众号采纳时间作为被解释变量,采用 QCA 质性研究方法来回答以上两个关键科学问题。

实际上,政务创新是政策科学、传播学、社会学与地理学等学科交叉互融形成的研究领域,是政策创新的重要研究内容(朱亚鹏 2010)。国外学者对于政策创新研究始于 20 世纪 60 年代,对于有关地方政府公共政策府际扩散现象进行了初步的探究,并第一次对政务创新扩散给出了定义。例如沃克(Walker 等 1969)认为政府政策无论是否在其他政府出现过或被使用过多久,对于一个政府而言如果第一次采纳使用,那么该政府就是完成了政策创新。沃克对于政务创新的界定逐渐成了学界的主流研究观念,大量学者在这个概念设定基础上完成了对医疗、福利、教育、住房等领域政策创新的研究。罗杰斯(Rogers 等 2003)认为,一项创新在社会系统中的传播,并在社会不同成员之间进行沟通和交流,这个过程就是创新扩散,它使得创新从发明之处扩展到了被采纳的节点。因此,政策创新扩散比政策转移具有更为广泛的内涵,即政策扩散内容上既包括了机构安排、规章制度和政务活动等在不同政治系统中的转移,还包含了治理理念在社会系统中的交流与传播。政策学习作为政策扩散的一种机制,是一个政治系统对于外部创新实践进行充分观察后通过评估而决定是否采纳的整个过程(Shipan 和 Volden 2006)。所以,政策学习解释了政策扩散的一种实现机制,但是并不是政策扩散本身。因此,政策创新是行政系统必然发生并具有一定扩散特性的对象,政策创新扩散反映了政策在先来者与后继采纳者之间的互动过程。在本章的研究中,将微信公众号的使用作为一项政务创新,不同省级政府对其的采纳和使用即是完成了一次政务扩散活动。

在 20 世纪末政府创新扩散的研究逐渐引入到国内,探究中国行政体制下的政策创新和扩散问题,在高强度的政策变迁和政务试验中分析中国式政策创新扩散的路径(吴建南等 2007,朱旭峰和张友浪 2014)。刘鹏和张伊静(2020)就对我国政策示范这一政府创新扩散进行了研究,在设计了政策扩散效果衡量指标基础上对我国"国家食品安全示范城市"和"社会信用体系建设示范城市"的扩散效果进行了研究,揭示了中国情境下政府变迁和创新扩散的路径。实际上,电子政务和政务微博都是早期我国政府创新扩散的研究对象,研究发现了政府资源、人口规模、经济特征、政府级别等是影响电子政务和政务微博水平创新应用的关键因素。吴建南等(2014)研究了政府效能建设从福建省向全国扩散的影响因素,发现省政府领导人的工作经历、邻近省份的横向竞争以及上级政府的引导都是效能建设扩散的驱动力。而汤志伟等(2018)将政府网站的地方政府数据开放平台作为影响因素,通过实证研究发现了政策创新扩散的机理。这些在中国情景下的探索分析了不同行政领域扩散的影响因素和机制。

政府信息化建设是从 20 世纪末自上而下的政府创新,随着信息技术的发展呈现出阶段性的创新形态和创新产品,其创新扩散成为学者关注的焦点。例如,殷存毅,叶志鹏和杨勇(2016)研究县级政府电子政务的回应性,通过分析东部地区地方政府电子政务回应性高于西部地区的差异辨析了其背后的制度因素。王法硕(2016)此后探究了多种形式的"互联网＋政务服务"应用实践,发现了政务技术创新受到电子政府能力和高层领导重视力度的影响。樊博和陈璐(2017)研究发现兼容的组织文化能够有效地促进政府数据开放能力的建设。原光等(2017)以我国 275 个地级市为样本,发现财政预算和人口规模是影响政务微信总量的关键因素。张辉(2015)研究了公务员对政务微信的吸纳能力,发现公务员的基础能力、公众准备度、高层支持和组织吸纳能力对于政务微信吸纳产生了积极影响。

通过对现有文献的梳理可以发现创新扩散具有制度情景,我国行政体制下政府创新扩散是近几年持续进行的研究话题,很多学者针对不同创新领域的实证研究探索了不同类型政策创新扩散的影响因素。不同政府部门之间自身职责、管辖区域、群众关系和历史因素等的差异性导致了政务创新具有显著的部门特征,一般意义上与民生联系紧密的部门其扩散速度更为迅猛,因此探究不同政务部门的政策创新扩散路径显得十分必要(张志安和罗雪圆 2015)。食品药品监督是重要的民生领域,其政务微信在近几年实践中呈现出了快速推广、发展不均衡的状况。因此,研究食品药品监督政务微信扩散将有助于辨析民生领域政务微信扩散的基本机理,研究发现的影响路径将有助于民生政务创新成果的快速扩散,加速提高政务效能建设。

7.2 政务创新的基本逻辑框架

从政策创新扩散的方向上看具有两个扩散方向,即横向扩散和纵向扩散。横向扩散发生在邻近或者同级政府之间,包含了学习机制、竞争机制和模仿机制。同时由于地理邻近的同级政府之间的发展水平相近,具有相似的地理竞争优势和学习优势,能够降低横向政策复制和转移的试验风险和成本。纵向机制发生在政府垂直关系中,包含了自上而下的强制指令以及自下而上的经验复制,其中自上而下的政务扩散是常见的政务扩散类型(Berry 和 Berry 1990)。

从政策扩散的动力机制上看,内部模型和外部模型是学界解释创新扩散作用机制的两种解释。按照政府自身及其所辖区域将政策创新的影响因素划分为内部和外部两个区域,其中内部因素包括政府自身因素(如组织架构和资源能力等)和辖区内因素(地区政治、经济、文化、社会和自然等);而外部条件不仅包含了横向和纵向机制中上下级政府的垂直影响以及平级的府际影响,还包括政治经济、社会公众等环境因素。政策扩散过程是一个内外部因素综合影响的过程,单纯从外部条件还是内部因素加以解释都可能遗漏重要的影响因素,对于扩散路径的解释可能存在偏颇。因此,本章研究基于内部模型和外部模型提取食品药品监督管理政务微信扩散的影响因素。由于横向扩散和纵向扩散体现了创新扩散的外部作用,因此将横向扩散和纵向扩散的影响因素纳入外部作用影响因素中加以设计。

政府财政资源能力。政府是政策创新扩散过程中的行为主体,自身对于政策创新的吸收通常取决于其采纳能力。根据资源松弛理论,资源存在着冗余的情景下更容易产生创新(Damanpour 1991)。由于政务创新和创新扩散本身就是一个持续的过程,需要在较长的周期内不断地进行技术革新、监督维护、迭代更新等步骤,因此,财政资源支持下的持续的资金投入成为支撑政务创新扩散的最重要因素。省食药监部门设立微信公众号服务群众本身,需要依靠政府部门持续的技术投入和创新作为基础和支撑,因此充足的政府财政能力有助于食药监政务微信的扩散。

政府数字化服务能力。政务微信作为一项服务创新,需要依托技术创新能力来实现,这意味着食药监政务微信不仅仅需要定向组织资源的倾斜,更加要求政府自身较高的软硬件等基础设施能力以及技术实现能力(Tolbert 等 2008)电子政务是近年来数字化政府建设的成果,它为数字化时代政务创新提供了基础性技术积累和体制内技术人才。因此,政府数字化服务能力成为政务微信创新的一个基础性条件。

地区经济发展水平。地区经济的发展水平体现了经济体不断出现多元化和海量数据的可能性,也通常意味着政府和社会对于新鲜事物的包容性(Zuiderwijk 等 2015)。一些早期的研究已经表明经济发达程度对政府创新可能性起到明显的正向作用,而后来的实证研究也证明了地区经济的发展对于政府创新能力的作用(Berry 和 Lowery 1987,孙志建 2020,Carina 2011)。

辖区企业信息化发展。企业信息的供给方同样也是信息的需求方,因此对政府政务创新具有显著的驱动力,企业信息化发展是地方政府创新扩散动力基本框架的组成部分(Thomas 和 Streib 2003)。因此,一些研究表明,在互联网使用较少的情况下,政府创新的动力会加速弱化(马亮 2013)。我国面临数量众多的食品药品企业,在信息化发展过程中对数字化政务发展起到倒逼作用,推动政府在信息化浪潮中提供服务对象的技术接口并形成服务能力。

府际创新竞争。社会系统中,单个机构更容易受到同类型组织创新的影响从而产生横向扩散。政治系统内竞争和学习成为了府际创新扩散的规范压力,通过主动创新来实现竞争优势。因此,地理位置邻近的同级政府时空距离大为缩短、资源优势和发展阶段具有相对的一致性,在政治竞争锦标赛中更容易成为直接竞争者。

上行下效的垂直压力。政府的垂直关系通常可以范围两种,即由上而下的强制指令和由下至上的经验复制。最早的垂直扩散研究主要集中在联邦制民主政治体制,研究发现联邦政府一方面可以用法案的通过和执行的方式以强制力来影响州政府的政策推行,另一方面可以通过资金上的激励实现政策扩散。我国作为单一制体制,上级政府对于下级政府在权力、监督、资源和考核的能力能够塑造下级政府的行为逻辑,从而更容易实现自上而下的政务创新扩散。

基于内部和外部两个维度并结合横向扩散和纵向扩散的动力机制可以发现,政府财政资源能力、政府数字化服务能力、地区内发展水平、辖区企业信息化发展,以及府际创新竞争赛和上行下效的垂直压力都可能是实现政务创新扩散的影响因素。不同因素的各种组合构成了政务创新扩散的基本路径,我们也将借此探究食品药品领域政务微信扩散的主要扩散路径。本章拟基于全国省级政府食药监系统政务微信为案例研究,考虑到样本和变量数量,本章在研究"多重"原因路径和"并发"组合路径时采用 QCA 质性研究。2013 年国务院机构改革背景下各省食品药品监督管理局相继成立,到了 2018 年食药监局又进行了机构调整,截至 2019 年各省食药监的微信公众号也进行了部分修改。但是由于政务职能的延续性,食药监微信公众号的内容和形式没有出现变化,因此不会对食药监政务微信扩散研究产生实质性影响(表 7-1)。

表 7-1　各省食药监微信公众号创办时间

省/直辖市/自治区	简　称	是否创办	创　办　时　间
四川省	SC	是	2014 年 3 月 18 日
福建省	FJ	是	2014 年 6 月 7 日

省/直辖市/自治区	简　称	是否创办	创 办 时 间
安徽省	AH	是	2014 年 9 月 3 日
广东省	GD	是	2015 年 1 月 1 日
上海市	SH	是	2015 年 1 月 30 日
广西壮族自治区	GX	是	2015 年 6 月 8 日
吉林省	JL	是	2015 年 6 月 10 日
山东省	SD	是	2015 年 6 月 16 日
贵州省	GZ	是	2015 年 6 月 18 日
浙江省	ZJ	是	2015 年 7 月 21 日
江苏省	JS	是	2015 年 8 月 3 日
青海省	QH	是	2015 年 9 月 18 日
江西省	JX	是	2015 年 9 月 24 日
海南省	HAN	是	2015 年 10 月 20 日
黑龙江省	HLJ	是	2015 年 12 月 31 日
湖南省	HUN	是	2016 年 1 月 18 日
北京市	BJ	是	2016 年 2 月 1 日
辽宁省	LN	是	2016 年 2 月 2 日
甘肃省	GS	是	2016 年 2 月 15 日
陕西省	SAX	是	2016 年 7 月 22 日
河北省	HEB	是	2016 年 8 月 22 日
山西省	SX	是	2016 年 9 月 2 日
重庆市	CQ	是	2016 年 10 月 10 日
河南省	HEN	是	2016 年 10 月 27 日
新疆维吾尔自治区	XJ	是	2016 年 11 月 23 日
天津市	TJ	是	2016 年 12 月 19 日
湖北省	HUB	是	2017 年 4 月 20 日
云南省	YN	是	2017 年 12 月 21 日
内蒙古自治区	NMG	否	
宁夏回族自治区	NX	否	
西藏自治区	XZ	否	

食药监政务微信公众号的创办时间是衡量政策创新扩散力度的体现形式,本章以省为基本单位梳理了 31 个省(直辖市、自治区)食品药品监督管

理微信公众号设置情况(表 7-1,研究中不含香港、澳门和台湾地区)。统计可得,各个省、市、自治区中食品药品监督管理微信公众号的创建时间跨度为 2014 年至 2017 年,其中截至 2020 年,内蒙古自治区、宁夏回族自治区和西藏自治区未创办微信公众号。

7.3　食品药品数字化创新的路径

一项政策创新在政府组织中被采纳即是完成了一次创新,因此将政务微信公众号的创办时间作为因变量用以代表政府创新扩散能力(GSI, Government Service Innovation)。在 2012 年以后,有关政务微博和政务微信的政策文件出现并逐年增长,政务微信公众号设置成为数字政府建设的重要载体和政府工程(陈强和张韦 2019)。例如,安徽省人民政府办公厅明确要求各部门"要建立政务微博微信与政府网站的联动机制",鄂尔多斯市人大常委会办公厅规定"微信公众平台信息收集采编人员按照要求,及时在网站与微信中将稿件发布"。因此省食药监系统微信公众号设置一定程度上反映了食药监系统政策创新的结果。根据 QCA 方法的普遍约定,存在(赋值为 1)案例数与不存在(赋值为 0)案例数的最佳比例为 3∶1,因此通过梳理 31 个省市和自治区食药监微信公众号的创办时间将 2016 年 10 月 27 日作为前因变量时间截断点(图 7-1)。

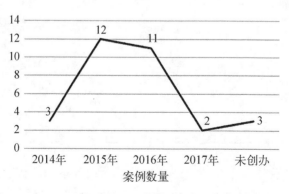

图 7-1　食药监系统政务微信公众号开通的时间

省级食药监微信公众号是 2014 年开始出现的政务创新工具,本章选取 2014 年度省食品药品监管部门支出决算(FAS,Final Accounts of Spending) 作为衡量政府财政资源能力的指标(数据源自各省食药监官网);将《省级政府网上政务服务能力调查评估报告(2015)》作为省级政府电子政务综合能力的度量指标(EGS,Electronic Government Services),用以衡量政府网上服务能力的指标;地区经济发展水平指标将采用该省人均地区生产总值代表(GDP,数据源于各省 2014 年政府统计公报);而辖区内企业信息化水平用企业计算机数作为衡量指标(CU,Social-media Coverage,数据源于国家统计局 2014 年数据);政府横向扩散的府际竞争用相邻省份食药监系统微信公众号是否创建的均值衡量(MGW,The Mean of Government WeChat);各省食品药品监督管理局与上级政府部门政务微信创办时间的比较作为纵向扩散的指标(HLG,Higher Lever Government)。二分阈值的确定过程中,除去上级政府创新能力(HLG)是通过上下级创办微信公众号的时间早晚比较直接获得,剩余自变量根据二分阈值确定规则将中位数作为机械分界点。因此将各个省份观测变量逐一赋值形成如下事实表(表 7 - 2)。

表 7 - 2 省食药监政务微信创新影响因素事实表

CASEID	FAS	GDP	SC	EGS	HLG	MGW	GSI
AH	0	1	0	1	0	1	1
BJ	1	1	1	1	0	0	1
CQ	1	1	0	0	1	1	1
FJ	0	1	1	1	0	1	1
GD	1	1	1	1	0	1	1
GS	1	0	0	1	1	0	1
GX	1	0	0	1	0	1	1
GZ	0	0	0	1	0	0	1
HAN	1	0	1	1	0	1	1
HEB	1	0	1	0	1	1	1
HEN	1	0	0	0	1	1	1

续　表

CASEID	FAS	GDP	SC	EGS	HLG	MGW	GSI
HLJ	0	0	0	1	0	0	1
HUB	1	1	0	1	1	0	0
HUN	0	0	0	1	0	1	1
JL	1	1	0	0	0	0	1
JS	1	1	1	1	0	1	1
JX	0	0	0	0	0	1	1
LN	0	1	1	0	0	0	1
NMG	0	1	1	0	1	0	0
NX	0	1	0	1	1	0	0
QH	0	0	1	0	0	0	0
SAX	0	1	1	0	1	0	1
SC	1	0	0	1	0	0	1
SD	1	1	1	0	0	1	1
SH	1	1	1	1	0	1	1
SX	0	0	1	0	1	1	1
TJ	1	1	1	0	1	1	0
XJ	0	0	1	0	1	0	0
XZ	0	0	0	0	1	0	0
YN	0	0	0	0	1	0	0
ZJ	1	1	1	1	0	1	1

　　为了最大限度地探寻关键充分条件的组合,在进行标准化分析前对条件变量进行必要经分析,发现上级政府创新扩散影响条件(HLG)的一致性仅为 0.25,且是唯一一个覆盖率未达到 0.6 的条件变量。因此,在研究中将 HLG 变量从条件变量集中剔除并重新进行必要性分析,发现所有变量均达到了 0.6 以上,因此其他变量均符合 QCA 质性研究的阈值。

　　此后通过标准分析得到省级食药监政务微信扩散的三种构型方案(表7-3),即复杂解、中间解和简约解,根据 Ragin(2008)的结果标准化呈现方式得到影响省级食药监政务微信扩散的条件组态(表 7-4)。

表7-3 真值分析表

中 间 解 方 案	原始覆盖率	独特覆盖率
FAS * ～MGW * CU	0.291 667	0.083 334
～FAS * ～GDP * ～MGW * ～CU	0.083 333	0.041 667
～FAS * ～GDP * EGS * MGW	0.083 333	0.083 334
FAS * ～GDP * ～EGS * CU	0.083 333	0.041 667
～FAS * GDP * MGW * CU	0.083 333	0.083 334
FAS * GDP * ～EGS * MGW * ～CU	0.041 667	0.041 667
～GDP * EGS * ～MGW * ～CU	0.166 667	0.125
GDP * EGS * ～MGW * CU	0.208 333	0.041 667
解决方案覆盖率	0.791 667	
解决方案一致性	1	

简 洁 解 方 案	原始覆盖率	独特覆盖率
～GDP * ～MGW	0.291 667	0.041 667
～GDP * EGS	0.291 667	0.041 667
～FAS * CU	0.166 667	0.083 334
～MGW * CU	0.333 333	0.208 333
～GDP * CU	0.166 667	0.041 667
GDP * ～EGS * MGW * ～CU	0.041 667	0.041 667
解决方案覆盖率	0.791 667	
解决方案一致性	1	

表7-4 省级政府食药监政务微信的条件组态

前因变量	路　径		
	A1	A2	B
FAS 部门决算支出	●		
MGW 邻省政务微信采用率	✢	✢	✢
CU 企业信息化水平	●	●	✢
EGS 政府网上服务能力		●	●
GDP 地区人均生产总值		●	✢
覆盖率	0.291 667	0.208 333	0.166 667

前因变量	路　径		
	A1	A2	B
净覆盖率	0.083 333	0.041 666 7	0.125
代表性案例	北京、广东、河南、江苏、四川、山东、上海	安徽、北京、山东、江苏、上海	甘肃、广西、贵州、海南
总体一致性		1	
总体覆盖率		0.666 7	

注：●和●表示条件存在，⊕和⊕表示条件不出现，●和⊕均表示核心条件，●和⊕为边缘条件。相对于核心条件，边缘条件对结果变量的重要性较低。

在表7-4中所有案例都满足一致性条件，即三个组态都是省级食品药品政务微信扩散的充分条件。由于总体一致性和覆盖率为1和0.666 7高于临界值表明实证结果可以形成有效的解释力度。从覆盖率上看，条件组态A1和A2覆盖率达到了0.291 667和0.208 333，具有最高的解释力度，而条件组态B达到了0.166 667覆盖率和0.125最高净覆盖率。因此，研究案例呈现了三种基本路径：

（1）路径A1：部门决算支出（存在）＊邻省政务微信采用率（不存在）＊企业信息化水平（存在）⇒省级食药监政务微信扩散

（2）路径A2：邻省政务微信采用率（不存在）＊企业信息化水平（存在）＊政府网上服务能力（存在）＊地区人均生产总值（存在）＊地区人均生产总值（存在）⇒省级食药监政务微信扩散

（3）路径B：邻省政务微信采用率（不存在）＊企业信息化水平（不存在）＊政府网上服务能力（存在）＊地区人均生产总值（不存在）⇒省级食药监政务微信扩散

在条件组态A1表明，较弱的邻省政务微信采用率、较强的辖域内企业信息化水平以及较高的部门决算支出是能够加速省级食药监政务微信扩散。在三个构成条件中，邻省政务微信采用率和辖域内企业信息化水平是核心变量。与此同时，条件组态A2表明，较弱的邻省政务微信采用率、较强的辖域内企业信息化水平、较强的政府网上服务能力以及较高的地区人均生产总值能够促进省级食药监政务微信创新的扩散,与条件组态 A1 相同的是邻省政务微信采用率和辖域内企业信息化水平均是核心变量。因为条件组态 A1 和 A2 均具有两个相同的核心变量邻省政务微信采用率和辖域内企业信息化水平,这个结果表明省级食药监部门辖区内的企业对于食药监政务部门政务微信扩散具有显著的倒逼作用。

条件组态 B 包含了四个影响因素,即较弱的邻省政务微信采用率、较弱较强的辖域内企业信息化水平、较强的政府网上服务能力以及较弱的地区人均生产总值能够导致省级食药监政务微信的扩散,其中邻省政务微信采用率、政府网上服务能力和地区人均生产总值三者均起到了核心作用。以上研究表明,较低的地区经济发展水平情景下也能够实现食药监政务微信的扩散,这说明经济发展水平在一般意义上能够促进政务创新和社会变革,但是在政府网上服务能力能够弥补经济发展带来的负面影响。通过条件组态 A 和条件组态 B 的对比可以发现,邻近省份食品药品政务微信越低越能够推动本省食品药品政务微信扩散,这说明了府际竞争锦标赛对于政务扩散提到了核心作用。

7.4 食品药品数字化创新的管理启示

本章使用省级政府食品药品监督管理政务微信使用作为政务扩散的研究对象,选取了除了香港、澳门和台湾地区之外的全国 31 个省食药监部门为样本,基于内部模型和外部模型政策扩散理论采用清晰集定性比较方法来探讨政策创新扩散的主要路径。研究发现,单个因素是结果的必要不充分条件,多个因素的组合作用组成影响扩散路径的充分且必要条件。根据研究可以得到三个条件组态(表 7 – 4)共两类基本的政策扩散路径(表 7-5):一是府际竞争和辖区企业信息化主导的外部影响型政策扩散路径(即路径 A1 和路径 A2),其中 A1 路径的典型省份包括北京、广东、河南、江苏、四川、山东和上海,A2 路径的典型省份包括安徽、北京、山东、江苏和上海;二是府际竞争情境下政府网上服务能力带动的内驱主导型政策扩散路径(即路径 B),其典型省份包括甘肃、广西、贵州和海南。

表 7－5　前因条件构型覆盖案例列表

前因条件覆盖	典型省市区数量	典 型 省 市 区
A1 净覆盖	3	广东省/河南省/四川省
A1 * A2 覆盖	4	北京市/江苏省/山东省/上海市
A2 净覆盖	1	安徽省
B覆盖	4	广西壮族自治区/甘肃省/贵州省/海南省

质性研究说明了政务微信创新扩散路径具有多维的特征,但是外部影响型政策扩散路径达到了接近50%的覆盖率,成为政务微信创新扩散最主要路径。研究结果至少有三点值得关注:

第一,邻近省份食药监系统政务微信采用率对于本省食药监系统政务微信创新扩散起到关键作用。在三个扩散路径中邻近省份食药监政务微信采用率越低,越能够促进政策扩散。这说明在同级政府之间开展的府际竞争锦标赛中政务创新也是其中一项内容,同级政府均力图在政务创新竞争中获取先发优势。政策扩散的外部模型中政府创新能力也会受到外部政府特别是同一行政级别府际竞争的影响,因此本章进一步验证了这一理论依据(韩志明,雷叶飞2020)。

由于三条主要扩散路径中都包含邻近省份食药监政务微信采用率这一指标,说明政府竞争在所有政策扩散途径中都普遍产生作用,凸显了我国横向扩散是政策创新的核心途径。因此,在未来行政体系变革中应进一步强化府际竞争的制度设计。与此同时,研究也表明政府的财政投入和政府网上服务能力能够进一步强化政府进行府际竞争的能力从而更快地实现政策创新横向扩散。

第二,辖区内企业对政务创新倒逼作用较为明显。企业的发展水平一定程度上决定了地区经济和社会发展的水平,21世纪以来我国企业突飞猛进的信息化进程也在一定程度上从外部促进了政府部门的信息化快速推进。一般而言,企业信息化能够带来更加多元和海量的数据,在推动政府进行政务创新的同时也一定程度上对政府创新起到反哺作用,即企业通过信息化能力和手段进一步帮助政府数字化的政务创新。研究结论说明了邻省政务微信采用率较低情况下,辖区内企业信息化水平更能进一步加速政府的政务创新进程。

通过条件组态覆盖的案例也表明,邻省政务微信采用率和辖区内企业信息化水平组成的外部环境倒逼型创新扩散主要涵盖经济发达省份。因此,可以在强化竞争锦标赛基础上不断推进企业特别是国有企业的信息化建设,不仅能够增强企业在市场中的竞争能力还能够提升经济发达地区政府的政务创新扩散能力。

第三,政府网上服务能力对于政务创新起到内生作用。尽管传统资源松弛理论认为宽松的财政资源能够促进政务创新,但是本章研究中同样发现食药监部门的财政资源对于政策创新实际上没有起到重要核心作用。数字化的政务创新过程较少地需要财政资源的投入,这个现象可以在很大程度上得以解释。

作为由内而外的创新模式,自主式创新能够给企业界带来颠覆式的突破(韩志明和雷叶飞 2020),本章的研究验证了这一规律在政府部门也同样适用。研究证明了在甘肃、贵州和海南等区域经济相对不发达的省份,同样可以依托政府自身内部网络服务提供能力来保持政府对于新兴事物的敏感性以及提供支撑和完成政策创新的能力。因此,这个结论也客观上说明了电子政府、一网通办和一网通管等政府信息化项目所积累的技术能力对于数字化时代政府政务创新都起到了重要作用。在实现政府治理现代化的过程中客观上需要政府持续变革并实现政策吸纳与扩散,政府网上服务能力为持续的政策创新和扩散提供了自主性条件,因此政府网上服务能力是未来数字化变革中需要持续加强的基础性需求。

7.5 本章小节

由于不同省份具有不同的经济发展水平、信息技术能力、财政投入和技术创新能力等基础性条件,本章研究结论表明异质性的基础性条件可以采用具有差异化的政策扩散路径。很多已有研究也表明我国市级政府比省级政府具有更强的创新扩散能力,但是两者是否存在创新扩散路径上的差异是未来值得探究的研究方向。

制度创新：地方政府的食品安全管理政策扩散路径

根据 2015 年修订的《食品安全法》，食品安全企业标准备案政策成为中国完全由地方政府主导的政策创新。但是，全国各省级卫生行政部门在《食品安全企业标准备案办法》修订更新存在较大差异。为了探究地方政府在无上级政府行政压力情境下自主式创新背后的内在动力机制，本章基于公共政策创新理论开展质性研究。研究发现，地区禀赋好和政府能力强的地区容易实现政策创新；省级政府内部因素的影响强于外部因素；当地区资源禀赋能力较弱时，地区内生动机也有助于实现地方政府的政策主动创新。研究结果揭示了在没有上级政府行政压力的情境下，地方政府构建地方性政策的逻辑动力机制。

8.1　食品安全企业标准的备案政策

长期以来，食品安全问题是社会广泛关注的一个重要议题，企业标准作为食品生产企业指导生产、过程管理、食品安全保障等工作的重要依据。在这之前，政府部门实施了企业标准备案模式和政府部门为保证企业了解其食品安全技术标准前置监管审核流程。2015 年我国《食品安全法》修改实施后，食品安全企业标准备案范围第一次变小，政府把标准制定权限归还给各省卫生部门。也就是说省级卫生部门自行实施备案制度，更是我国地方政府全面主导型的政策创新。食品安全企业标准备案政策转变是政府行政管理出来的革新,有利于企业重视食品健康与安全问题,并按照政府规定的最低食品安全要求提出自己的食品安全标准。

食品标准作为食品企业生产和检验的依据,影响着居民的健康(刘鹏2020)。中国要求食品生产企业生产的产品不低于国家质量标准。当前,我国多数省的省级卫生行政部门已经完成对原省《食品安全企业标准备案办法》的自行修订,在中央政府不介入的情况下,该政策仍在我国各地扩散。然而,这一调节政策在不同地区扩散时体现出了不同的扩散速度。在这种情况下,迫切需要回答地方政府创新扩散受到哪些因素的影响,各种因素如何相互效用以推动地方政府政策创新?

尽管政策扩散是一个比较传统的研究话题,近年来世界很多国家都加入了的分权改革,中央政府经济和行政权力下放给地方政府(Fan et al. 2009)。地方政府在获得的自治权的基础之上进行政策创新,来实现治理方式的改变。因此,不论发达国家还是发展中国家的地方政府,都具有政策创新的动机,地方政府的创新扩散也成为重要的研究内容(Woods 2008)。中国特有的政治体制,它决定了地方政府官员与西方国家地方政府官员相比不同的行为模式,因此中央政府对于地方政府的创新具有显著的影响作用(Zhu 和 Zhang 2015)。因为现有很多地方政府创新的文献都是在西方国家展开的,我们应该期待地方政府创新在不同国家的传播路径相关研究,从而丰富地方政府政策创新的逻辑解释。食品安全企业标准制度是一项健康管理政策,已经在中国实施了 8 年,它为我们审视我国地方政府扩散机制提供了良好的机会。

8.2　食品安全政策扩散的逻辑分析框架

政策扩散有助于识别和积累关于政策采纳决定因素的知识,几十年中发表了大量政策扩散研究(Graham 等 2013,Zhang 和 Zhu 2018)。政策扩散研究在理论上和实践上都很重要,因为它现有文献表明,政府政策是通过纵向或横向机制传播的(Qamar 等 2023,Fan 等 2022,Zhao 等 2022,Zhang 和 Zhu 2020)。同时,影响政策创新的因素是多元的,即存在着横向和纵向的扩散。横向扩散是在邻近政府之间发生的,它以学习、模仿、竞争机制等为手段建构新政策。地理邻近的同一层级政府之间具有类似的发展环境,信息沟通更加便捷,这为政策的横向传播创造了良好条件,对于邻近地区的政策复制具有更强的适用性,降低了试错风险。纵向扩散反映的是上下级政府之间的纵向关系,自下而上的经验复制、自上而下的强制指令等等都是它的表现模式。除了横向与纵向扩散模式之外,学界通常采用内部模型与外部模型解释政策创新产生机制。按照政府自身及辖区的差异将影响政策创新的因素划分为内部因素与外部因素,内部因素包括政府自身状况(比如组织架构、资源能力等)与辖区因素(内容涉及当地社会、政治、经济、文化、自然等各个方面)。外部要素主要包括上述纵横向扩散模式,以及国内外政治经济环境要素。

尽管学界对于政府扩散的影响因素具有不少研究,但是这些因素的不同组合对于政策扩散是否起到不同的作用,仍然是一个没有回答的问题。因为经济发展模式、与典型西方国家截然不同,我国是检验政策扩散理论普遍性的绝佳案例。传统上,我国采用的是一个非西方的政府管理模式,中央政府通过协调、引导、保护、赞助、支持和激励等一系列国家政策工具来促进或终止本土创新(Zhang 和 Zhu 2020)。但是,当政府只设定政策目标而不是具体的政策工具时,绩效管理在我国地方管理者中得以采用。目前,对于我国政策扩散的研究经常忽视省级扩散的逻辑规律,而只有一些零星的相关研究关注省级扩散(Zhang 和 Zhu 2019,Hu 等 2023,Tavares 等 2023)。如果能够在省级层面找到政策创新扩散的证据,政策扩散理论在我国的适用性可以得到进一步证实。为此,本章将重点探究省级地方政府政策扩散的路径。

8.2.1 政府的能力

实施改革开放以来,我国中央政府逐步改革了从前社会主义计划经济中继承下来的经济管理模式。中央政府将大量经济权力下放给地方政府,并鼓励地方政府采取适当的政策来促进制度创新(Appleton 等 2005,Ji 等 2020,Sun 等 2022)。自 1994 年分税制以来,中央与地方政府形成共享的财政分配结构,中央政府获得大部分税收资源,并重新分配财政转移支付,以平衡地方政府之间的区域经济差异。地方政府被赋予相对自主权来启动创新项目,以增强地方财政能力(Ahlers 和 Schubert 2022)。因此,地方政府有很大动力根据当地经济发展的实际情况来采取创新政策和措施来发展地方经济、增加财政收入、节约财政支出。

在政府财政出现巨额盈余的情况下,更加有助于刺激政府创新意识,从而促进政府创新政策的执行(Berry 1994)。一些研究表明,我国地方创新跟当地政府财政收入具有显著正相关关系。因此,某项政策能否真正落地取决于政府投入力度是否大(朱亚鹏 2010)。在缺乏雄厚资金支持的情况下,地方政府甚至缺乏执行一个项目的内在动力(Shipan 和 Volden 2006)。同时资源松弛理论也验证了在组织资源条件过剩的情况下创新现象更易发生(Marsh 和 Sharman 2009),并且资源丰富与组织创新之间呈正相关关系。随着近年来我国经济增长的放缓,我国地方政府普遍面临前所未有的财政压力。即使北京、广东等发达省市,也出现了财政收入增速明显放缓的资金短缺问题。然而,下级政府的注意力、时间和资源有限的情况下,不同地方政府政策创新的程度不一样。

地方政府的法治化程度也是地方政府进行制度创新的一种基础性能力。法治化水平高的地方政府,对建设法治制度具有丰富的经验,将有助于地方政府快速跟进上级的政策变化。与此同时,雄厚的地方政府经验也为改革者提供了"犯错误"或"冒险"的更大心理安全感,从而提高了采取另一项改革的可能性(Li 等 2023)。食品安全企业标准备案制度本身是一项由地方政府主导的法律制度是所在地区企业需要遵循的管理制度。由于食品安全是全社会关注的话题,影响到所有消费者的身体健康,因此指定食品安全法律制度非常具有技术性和挑战性。因此,法治化程度高的地方政府能够专业地制定符合现有法律体系的法律和制度,避免食品安全相关的法律漏洞。

8.2.2　社会经济状况

社会经济变量包括省份经济水平、经济增长、产业结构、外资企业数量等(Zhu 和 Zhang 2019，Fisman 和 Gatti 2002，Pan 和 Fan 2023，Fan 等 2023)。社会经济发展对于政策创新的影响可以从我国地方政府领导人的考评来解释。鉴于经济绩效曾是评价和提拔地方领导人的重要标准之一，地方政府有强烈的动机通过市场化创新来支持经济增长。食品安全企业备案制度是企业进行生产和经营的法律依据。快速地针对上级政府的要求来制定地方性的法律制度，能够给经营企业相应的指引并满足社会需求，并最终促进地方经济的发展。

同时，社会经济因素对地方政府创新也会产生"压力阀效应"，即地区经济活跃度区域会出现对地方政府进行游说的力量。在西方国家，利益集团会出于经济效益的目的对地方政府进行游说，从而推动地方政府制定有利于利益集团的法律和制度(Shipan 和 Volden 2012，Benton 2020，Mallinson 2021)。尽管我国不存在合法化的"游说集团"，但是企业与地方政府具有较为紧密的合作关系。例如，企业是地方政府缴纳税收的主体，同时也是接纳当地就业的主体，食品生产经营企业与地方政府构建了较为紧密的共生关系。在经济活跃的地方，企业与地方政府的合作更加紧密和畅通。因此，经济活跃的地方有助于地方政府根据企业需求进行制度创新。食品生产企业是食品安全企业标准备案政策的主要调整对象，食品生产企业的数量与食品行业规模是影响食品安全企业标准备案政策需求的重要因素，也是监管部门事中事后监管的压力源头。食品生产企业越多，商业活动(设计、生产、技术销售)需要地方政府法规作为行动指南，从而推动政府完成制度构建(Min 等 2020，Abbas 等 2019)。

8.2.3　组织结构特征

地方政府部门作为政策创新行为主体，其创新能力是组织运行的结果。但是，政府部门之间的分权也带来了跨部门合作的难题，不利于社会问题的治理。Schick(1971)指出政府成功实施绩效预算需要强有力的领导；否则，这一过程可能会遇到重大阻力和障碍。在整个 20 世纪 80 年代和 90 年代，美国联邦政府采取措施将一些政策领域(例如福利)的控制权下放给州和地方各级。美国有十几个州没有聘请大量的立法人员，立法机关每年或两年开会的时间不超过几个月。因此，立法者倾向于处理最为急迫的工作任务，自主创新性的政策创新不能进入立法议程（Shipan 和 Volden 2012）。我国在解决河流污染问题的过程中，推出名字为"河长制"的政策创新扩散模式。具体而言，我国的河流污染是个多年来长期存在的问题，河流对流过的各个省份带来了经济效应，但是也被这些省份的企业污染。各个地方政府出于所在地区经济效益的考虑而不愿意合作，因此跨省域的合作治理始终是一个难题。我国为了治理河流污染，推行了跨部门的"河长制"政策。基于"河长制"工作的领导小组作为协调部门，来组织其他部门来完成河流污染的治理。因此，"河长制"工作的组织结构实现了跨部门的合作，从而实现了跨部门的治理。因此，具有赋权的组织结构是推动政府管理创新的一个重要因素。

在科层制体系中，省级卫生部门将食品安全企业标准备案政策管理职责细分为具体负责食品安全企业标准备案的内设机构。本部门完成对食品安全企业标准备案政策的系列研究、学习和编制工作，然后向省级卫生部门报告，经会议审议后报省级法制部门备案。在这一过程中内设处室对政策起到建议权作用。因此，我国政府机构改革往往需要不同部门（如审计、监察、人事等）多个利益相关者的协作和协调，需要具有全面知识、过往改革经验和相关专业的领导力（Li 等 2023）。因此，政策创新中内设处室是具有专业化能力和权利的组织，有助于实现多个利益相关部门的协作并实现政策创新。

8.2.4　府际竞争

学习、模仿和竞争机制往往是推动横向扩散的重要力量，而政府也会通过模仿其他政府做法来降低试错成本和促进其绩效表现。当政府聚集在一个地理集群中时，表现出政治经济结构的相似性（Ateh 等 2020）。政府经常向其他地区咨询和学习，特别是向那些具有相似经济或政治地位的人咨询和学习有助于降低决策过程可能吸收的成本和风险（Dunlop 等 2020）。例如美国在邻州间政策创新中确认政府间地理邻近，信息传播效率会增加，更易为政策采纳者采用新政策（杨建国和周君颖 2021）。

随后,我国中央政府将大量与经济相关的行政职能和权力下放给地方当局。我国中央政府仍然可以通过直接发布政策文件来限制改革的方向或范围,也可以依据绩效考核等任免地方政府的主要领导(Zhu 和 Zhang 2019)。省级政府可能将经济状况相似的同行视为竞争对手,争夺有限的财政资源或上级政府的各种支持。一个省份的采用可能会给经济结构相似的另一个省份带来竞争压力,迫使其采取相同的政策以避免被超越。因此,当大多数邻近的省级政府已经采取了食品安全备案制度时,省级政府很容易采取这种改革创新。

8.3 制度扩散的数据获取与分析

我国各区域政治、经济和社会环境各有差异,各区域公共政策制定有自身独特性,个案独特性与定性比较分析方法中一以贯之的分析思路不谋而合,通过对个案的追溯,研究者可以最大限度地对特定个案做出阐释和得到启发。本章根据 2015 年 4 月 24 日第十二届全国人民代表大会常务委员会对《食品安全法》关于食品安全企业标准备案条款进行修订的时间节点,参考各省针对食品安全企业标准备案制度的废止与修订的先后顺序作为衡量该政策创新扩散的表现形式,以省为研究基本单位,梳理了全国 31 个省(自治区/直辖市)食品安全企业备案制度的废止和修订情况。

基于前文的解释和统计,以 31 个省级卫生行政部门执行新修订省级食品安全企业标准备案制度情况为结果变量。根据各省级卫生行政部门对新修订的食品安全企业标准备案制度执行时间的统计,执行时间先后反映了地方政府对该政策的采纳情况和感知程度(APAP,Ability of Policy Acceptance and Perception),反映了该政策是否有创新扩散。由于本章对政策创新的事件观察终点设置为正式发布规范性文件(取消或者新修订的食品安全企业标准备案制度),而规范性文件须严格遵循法定程度进行制发备案,周期一般为 60 个自然日。因此我们对表 8-2 中时间节点进行赋值时,将相差不超过 60 个自然日的日期视为并列排序。

在前面给出研究框架的基础上,选取了政府财政能力、地区资源禀赋、政策需求、相邻省份影响以及组织特征等五个方面变量（表 8-1）。值得注意的是，因为本章结果变量观察时间从 2015 年以后开始，所以在计算政府财政能力、人均地区生产总值、法治化程度和食品工业体量这些前因变量的数据时都会参考 2015 年以后的数据。在政府财政能力方面，根据《中国统计年鉴（2016）》的规定，选择 2015 年度地方公共财政收入（LPFV，Local Public Finance Revenue）的状况来度量。在地区资源禀赋方面，在上述理论分析的基础上，选取人均地区生产总值与地区法治化程度这两个变量进行度量，人均地区生产总值（GDP，Grass Reginal Domestic Product）选取《中国统计年鉴（2016）》发布的 2015 年度数据，法治化程度（DOL，Degree of Legalization）选取 2016 年度《中国法治政府评估报告》省会得分为参照。

在政策需求方面，选取《中国食品工业年鉴（2016）》中统计出的 2015 年度各地食品制造业工业销售产值（FISC，Food Industry Sales Value）作为本地食品工业体量的度量指标。在邻近省份的影响方面，按照各省执行政策时间节点顺序，计算了先执行政策的各省在邻省中所占的数量比例，比例越高，受到邻近省份的影响（INP，Influence of Neighboring Provinces）也就越大。关于组织特征，本章依据 31 个省（直辖市/自治区）卫生行政部门的"三定方案等"等官网的资料通过判断各省卫生部门有无针对食品安全企业标准备案政策的管理职责单独内设处室/机构（IA，Independent Agency）来进行评估。

在变量二分处理中，依据基本划分原则，通过划分使案例得到更加有意义的分配并易于使变量是否存在满足既有理论所支持的它和积极结果之间的关联（表 8-1）。在结果变量二分赋值中，没有案例数（赋值为 0）和有案例数（赋值为 1）之间的最优比例是 1∶3。所以我们二分 23 个的积极结果案例，给 1,8 个的消极结果案例分配一个 0 的价值。本章研究发现，无论从政策废止时间上看，还是从政策新修订时间上看，各省对两个变量的分配是完全相同的。所以为了描述方便，我们选取了政策废止时间节点为结果变量。（注：废止时间排序和新修订时间排序已将 60 个自然日周期内视为并列排序，表 8-2）。

表 8-1　前因变量说明表

测量变量	简称	定义
政府财政能力(地方公共财政收入)	LPFV	地方公共财政收入(亿元)
地区资源禀赋(人均地区生产总值)	GDP	人均地区生产总值(亿元)
法治化程度(地区法治化程度)	DOL	中国法治政府评估报告的省会得分
政策需求(食品工业体量)	FISC	地区食品制造业工业销售产值(亿元)
邻近省份影响(邻近省份影响)	INP	计算邻省中已实施政策的省份数量占比
组织特征(是否设独立机构)	IA	卫生部门有无针对食品安全企业标准备案政策单独内设处室/机构管理

表 8-2　布尔组态的真值表

LPFV	GDP	DOL	FISC	INP	IA	Number/频率
1	1	1	1	0	1	3
1	1	1	1	1	0	3
0	0	0	0	0	0	2
0	1	0	0	0	0	2
1	1	0	1	0	1	2
0	0	0	0	1	0	2
0	0	1	0	1	0	2
1	0	0	1	0	0	1
1	0	1	1	0	0	1
0	1	0	0	1	0	1
0	0	0	0	0	1	1
1	1	1	0	0	0	1
0	1	0	0	1	1	1
1	1	1	0	1	1	1
1	0	0	1	1	1	1
0	0	1	1	1	1	1
1	0	1	1	1	1	1
1	1	1	1	1	1	1
0	0	1	0	0	0	1

续　表

LPFV	GDP	DOL	FISC	INP	IA	Number/频率
0	1	0	0	1	0	1
1	0	1	1	0	1	1
0	0	0	0	1	1	1

我们对前因变量进行二分赋值。关于上级行政压力,综合上述变量的描述,我们知道变量观察的时间节点是 2016 年 11 月 4 日,因此我们按照 2016 年 11 月 4 日这个时间节点对其进行了分类。比时间节点提前的省,则认为上一级行政压力值为 0,否则则认为上一级为 1。我们将拥有独立的处室,并具有组织特征我们授予 1 个省份。我们将没有独立的处室及组织特征赋 0。其他前因变量的极差与方差较大,为使案例分布更规整,用中位数而非均值作为机械分界点(表 8-3)。

表 8-3　前因变量数据

CASEID	LPFV	GDP	DOL	FISC	INP	IA
AH	2 454.3	35 997	199.56	661.64	2/3	1
BJ	4 723.86	106 497	224.18	281.77	1/2	1
FJ	2 544.24	67 966	197.06	1 258.45	1	0
GS	743.86	26 165	199.09	77.9	5/6	0
GD	9 366.78	67 503	234.43	1 751.52	1/5	1
GX	1 515.16	35 190	198.04	363.58	1/5	0
GZ	1 503.38	29 847	214.66	157.05	3/5	0
HAN	627.7	40 818	180.02	43.71	1	0
HEB	2 649.18	40 255	171.18	1 022.72	5/7	1
HEN	3 016.05	39 123	194.18	2 803.26	1/6	0
HLJ	1 165.88	39 462	214.83	649.73	1	1
HUB	3 005.53	50 654	184.98	1 172.91	3/7	1
HUN	2 515.43	42 752	207.87	1 020.43	1	0
JL	1 229.35	51 086	184.49	460.3	2/3	1
JS	8 028.59	87 995	214.17	946.01	1/4	1

CASEID	LPFV	GDP	DOL	FISC	INP	IA
JX	2 165.74	36 724	222.75	536.63	0	0
LN	2 127.39	65 354	186.62	441.95	0	0
NMG	1 964.48	71 101	171.1	680.96	1/2	0
NX	373.45	43 805	154.99	154.76	0	0
QH	267.13	41 252	172.23	32.68	0	1
SD	5 529.33	64 168	202.56	2 637.18	1	0
SX	1 642.35	34 919	157.3	117.97	0	0
SAX	2 059.95	47 626	168.5	487.94	1	0
SH	5 519.5	103 796	230.44	598.65	1	1
SC	3 355.44	36 755	221.14	971.35	3/7	1
TJ	2 667.11	107 960	180.7	1 347.53	0	1
XZ	137.13	31 999	125.76	5.92	1/2	0
XJ	1 330.85	40 036	155.65	218.92	1/3	0
YN	1 808.15	28 806	190.83	201.29	1	1
ZJ	4 809.94	77 644	214.13	534.74	1/5	1
CQ	2 154.83	52 321	212.19	232.13	0	1

　　本章选取省(自治区/直辖市)为案例分析单位,共31个案例。本论文采取了以下研究程序。步骤1,选取案例,以理论为支持,识别前因变量与结果变量。步骤2,对各变量进行事实与理论上的二分处理,并使用二进制语言进行描述。步骤3,构建真值表构建和标准化分析得到前因条件配置,结合具体情况对单要素或者多要素的组合检测必要性。步骤4,归纳分析要素组合路径,通过案例回溯得到启发与发现。在此基础上,对1个结果变量和7个前因变量进行二分赋值,得到了31个案件的事实表。

　　为最大限度地探索关键充分条件组合并确保每一个前因变量都为结果所必需的不充要条件,有必要在构造真值表并做标准化分析之前先对各变量进行必要性分析。必要性分析的结果如下(表8-4)。

表 8 - 4　变量必要性分析一览表

变 量 简 称	一 致 性	覆 盖 率
LPFV	0.608 696	0.875 000
GDP	0.608 696	0.875 000
DOL	0.478 261	0.687 500
FISC	0.608 696	0.875 000
INP	0.434 783	0.625 000
IA	0.565 217	0.866 667
APAP	1.000 000	1.000 000

结果变量：APAP

　　基于六个前因变量的二分类赋值共可获得 64 个条件组合。按照案例频率必须不低于 1，一致性必须不低于 0.8 这一原则来选择路径，最后我们得出了以下真值表（表 8 - 5）。之后，我们给出真值表，求出路径的解。

表 8 - 5　真值表分析结果

复杂解：因素组合路径	原始覆盖率	独特覆盖率	一致性
LPFV * GDP * DOL * IA	0.260 87	0.130 435	1
~LPFV * ~DOL * ~FISC * INP * IA	0.173 913	0.086 956 5	1
~LPFV * ~GDP * ~DOL * ~FISC * ~INP	0.130 435	0.043 478 3	1
LPFV * ~GDP * FISC * ~INP * ~IA	0.086 956 5	0.086 956 5	1
LPFV * GDP * FISC * ~INP * IA	0.217 391	0.086 956 5	1
LPFV * ~GDP * FISC * INP * IA	0.086 956 5	0.043 478 3	1
~GDP * DOL * FISC * INP * IA	0.086 956 5	0.043 478 3	1
~LPFV * GDP * ~DOL * FISC * INP * ~IA	0.043 478 3	0.043 478 3	1
~LPFV * GDP * ~DOL * ~FISC * INP * IA	0.043 478 3	0.043 478 3	1

简洁解：因素组合路径	原始覆盖率	独特覆盖率	一致性
~DOL * ~INP	0.347 826	0.217 391	1
GDP * IA	0.391 304	0.304 348	1
~LPFV * FISC	0.086 956 5	0.043 478 3	1
FISC * ~INP * ~IA	0.086 956 5	0.043 478 3	1
~GDP * FISC * INP	0.130 435	0.086 956 5	1

续　表

中间解：因素组合路径	原始覆盖率	独特覆盖率	一致性
LPFV * GDP * DOL * IA	0.260 87	0.130 435	1
~LPFV * ~DOL * ~FISC * ~INP * ~IA	0.173 913	0.086 956 5	1
~LPFV * ~GDP * DOL * ~FISC * ~INP	0.130 435	0.043 478 3	1
LPFV * ~GDP * FISC * ~INP * ~IA	0.086 956 5	0.086 956 5	1
LPFV * GDP * FISC * ~INP * IA	0.217 391	0.086 956 5	1
LPFV * ~GDP * FISC * INP * IA	0.086 956 5	0.043 478 3	1
~GDP * DOL * FISC * INP * IA	0.086 956 5	0.043 478 3	1
~LPFV * GDP * ~DOL * FISC * INP * ~IA	0.043 478 3	0.043 478 3	1
~LPFV * GDP * ~DOL * ~FISC * INP * IA	0.043 478 3	0.043 478 3	1

在本章中，我们选择了覆盖率最大的 3 条组合路径（覆盖率分别是 0.261、0.217 和 0.174）。

路径 A1＝（政府财政能力存在）*（地区人均生产总值存在）*（当地法治化程度存在）*（独立机构存在）

路径 A1＝（政府财政能力存在）*（地区人均生产总值存在）*（当地食品工业体量存在）*（横邻近省份影响不存在）* 独立机构（存在）

路径 B＝（政府财政能力不存在）*（当地法治化程度不存在）*（当地食品工业体量不存在）*（邻近省份影响不存在）* 独立机构（不存在）

简洁解和中间解同时出现的变量通常被认为是核心条件，不出现在简洁解中的变量被认为是边缘条件。从而可将路径的构型图识别为图 8－1 所示。

在构型图中发现 3 个前因变量配置整体一致性达 1，显示全部配置组合对结果关联度较高，整体覆盖率达 0.87 大于临界值，表明该配置能够对结果产生更强解释力。所选 3 种配置中 A1 的覆盖率达到了 0.261，净覆盖率达到了 0.13，都达到了最大值；A2 与 B2 其次，覆盖率达到了 0.217 与 0.174；A1 与 A2 核心条件 GDP 与 IA 是一致的。同时 A1 与 A2 两个案之配置相似，其代表性个案有重合个案。表 8－6 显示了 3 个前因变量配置的相应实例。

	A1	A2	B
LPFV 政府财政收入	●	●	⊗
GDP 地区人均生产总值	●	●	
DOL 当地法治化程度	●		⊗
FISC 当地食品工业销售产值		●	⊗
INP 邻近省份影响		⊗	⊗
IA 独立机构	●	●	⊗
覆盖率	0.261	0.217	0.174
净覆盖率	0.13	0.087	0.087
代表性案例	北京、上海、江苏、浙江、广东、重庆	湖北、天津、广东、江苏、浙江	宁夏、山西、辽宁、新疆
总体一致性	1		
总体覆盖率	0.87		

图 8-1 前因变量构型图

表 8-6 构型覆盖案例列表

构 型	Number	案 例
A1	3	北京、上海、重庆
A1/A2	3	江苏、浙江、广东
A2	2	湖北、天津
B	4	宁夏、新疆、辽宁、山西

　　三种前因变量构型总计覆盖 12 个案例，占 31 个案例数的 39％。A1 和 A2 均包括江苏、浙江和广东三省，是东南沿海省份。A1 组所特有的个案是北京、上海和重庆，都是我国直辖市，地区禀赋相对优越，经济快速发展。A2 组所特有的案例是湖北和天津的地理位置优势和发达的交通，食品工业规模较大。B 组由宁夏、新疆、辽宁和山西等省组成，在我国北部均有分布，地理位置较为偏僻，法治化水平较低。

　　观察条件组态的分布可以发现有 4 个核心条件，即 GDP、IA、～DOL

和～INP。GDP 体现地方经济发展水平；IA 体现各省卫生部门组织架构中是否作出行政资源调配，以食品安全企业标准备案政策为导向；～DOL 体现地方法律体系整体性；～INP 体现政策横向扩散程度。围绕四个核心条件，结合具体案例进行回溯，得到如下促进地方政府政策创新的两种路径类型。

一条是地区禀赋加政府能力的驱动型道路。该路径包含 A1 和 A2 两个子路径，其中 GDP 和 IA 是其核心条件。这条道路所收录的个案，基本上都是我国经济尤其发达，地理位置较好的省/直辖市。同时，这些地区的法律体系比较完善，市场也比较成熟（比如上海、江苏），政府自身也有较强的能力（比如北京、天津）。也就是说这些区域不论从财政能力还是从组织结构的设置来看，都能够实现适时的投资，所以政策很容易向这些区域蔓延。

另一条是内生创新型路径，即 B 构型路径。这样的路径有一个核心的条件～DOL 和～INP。所以，对应这些状况的区域法治化程度较低，邻省政策水平传播造成府际竞争压力较小，地理位置相对较为偏远（比如辽宁、新疆）。研究结果说明，当一个地区在纵向/横向上都承受着高行政压力和高法治化程度，这可能导致当地难以突破现有法律框架限制而在政策模糊期实现政策创新。相反，一些地理位置偏远和法治化程度不高的地区能够不受外界压力过大的冲击，推动政策创新和扩散。

8.4 食品安全制度创新的路径

现有政策扩散研究背后的关键假设是地方政府在特定政策领域拥有自由裁量权，因此，政府间政策影响力和政策创新逻辑在不同国家都广泛存在并发挥作用。换句话说，只要这些国家的地方政府在制定政策时拥有自主权，这些政策创新扩散现象在发展中国家或发达国家中都广泛存在。然而，政策创新扩散在我国这样的社会主义国家地方政府政策扩散具有独有的特征。

我国省级政府的主要领导人不是由其管辖范围内的公民"一人一票"直接选举产生的。相反，这些领导是在各级人民代表大会选举等机制下产生，其基本要求通常包括经济表现、社会稳定或政治表现等因素(Zhang 和 Zhu 2018)。中央政府拥有影响地方领导人的政治生涯的权利，包括考核、监督、任用、升迁、轮换、降级。所以，地方政府必须高度重视中央的政策信号。例如，如果中央政府倡导一项特定的政策，地方政府可能会采取该政策来呼应上级政府的安排。在中央政府没有要求地方政府落实某项措施的情境下，什么因素会影响地方政府进行自主的创新尝试，是一个重大疑问。这也是本章研究的内容。

文章以政策创新理论为基础，筛选出政府财政能力、地区资源禀赋、政策需求、相邻省份影响和组织特征等影响要素。此后，根据这些影响因素构建政策创新影响模型框架。之后，我们从 2015 年《食品安全法》修改之后食品安全企业标准备案政策调整入手，采用清晰集定性对比分析方法，探讨了影响食品安全企业标准备案政策传播的因素组合。经过二分赋值，必要性检验，真值表构建和标准化分析，分析得出 2 种不同情景下促进政策创新的前因变量联合路径。我们整合了多种横向和纵向扩散机制，并基于对省级 ALC 扩散的定向二元分析在我国进行了测试。我们的研究表明，选择适当的方法来确定典型西方背景之外的政策扩散过程中的具体机制具有重要的理论和实践意义。

8.4.1 经济发达地区的政策创新路径

地区禀赋加政府能力驱动型路径上存在着 GDP 与 IA 两大核心条件，它们分别代表着地区经济发展状况良好与组织机构相对健全。GDP 与 IA 结合将显著正向影响政策创新结果。另外，政府财政收入越高，其效果越好。理论上，只要下级政府在政治或财政上受到上级政府的约束，前者就可能对后者的政策偏好做出反应。资源松弛假设认为，在政府能力水平比政府资源相对过剩时，政策创新与扩散活动更加容易(Zhang 和 Zhu 2020，朱旭峰和赵慧 2016，熊烨 2022)。由于下级政府的注意力、时间和资源有限，资源禀赋好的地区能够快速响应上级政府的要求(Zhang 和 Zhu 2019)。

公共政策创新的动力机制在各个国家体现出了不同的模式和特征，因此有必要联系我国具体的制度背景进行剖析。区别于西方的政治制度,我国有特殊的政府运作模式和机制体制。在西方制度语境中,地方政府工作将围绕着如何获得更多的选民与利益集团的支持而进行,府际竞争也更多地来自管理者对于其是否可以连任的考量。但在我国的行政制度中,地方政府府际竞争将更多地从绩效和发展晋升两个方面进行考虑。地方政务创新有助于地方政府领导向上级政府表明关注和响应。与此同时,经济发达省份也可能会担心被贴上"失败"的标签。因此,资源禀赋好的地区有更强的动机和更强的能力来快速响应中央的政策。例如,北京是我国的首都和政治中心,具有较强的政府能力,更易认知和采用新政策。上海是中国长三角地区的排头兵,经济十分发达、交通方便、各种资源相对集中。为此,在这种情况下两市都成了政策创新最快的省份。

8.4.2 经济欠发达地区的制度创新路径

在实证研究中,∼DOL 与∼INP 这两个核心条件为内生创新型路径中的核心条件,分别代表区域法治化程度较低,受邻省政策横向扩散的影响不大。法治化程度较低,省际竞争较小的省依次为新疆、辽宁、宁夏。这几个省有一个共同特点,即这几个区经济欠发达,地理位置相对比较偏僻,邻近省份的政策创新较少。也就是说,法治化水平低、缺少省级竞争的情况下,经济欠发达地区也容易形成制度创新。我们在第二部分也提到,法治化水平、省级竞争和经济发展都是制度创新的积极影响因素。但是,同时缺少这三个核心因素时,地方政府也能较快地实现政策创新。

法治化程度作为影响地方政府执政能力核心要素,可以促进地方政府加强对当地法治建设关注。但文章研究发现,地方政府法治化程度并非是促进地方政府法律发展的核心要素。反之,在低法治化程度区域易出现政策创新。本章结果可以表明地方政府法治化水平与地方政府实施制度创新有着较为复杂的联系。一是法治化水平越高,地方政府自我约束越强,所以政府治理社会问题时就越要依据法律授权与规则实施社会治理。所以,通常而言法治化程度越高的地方政府越要遵守法律、法规。但地方政府制度创新就是要改革现行制度和完善现行规则,高度法治化的地方政府为政府雇员在实施法律方面做出了表率,而这一切都不利于营造完善既有法律与政策的行政文化。二是地方政府政策创新需遵守现有的法律条文,所以法治化水平较好的地方政府更有守法意识。在政策创新与既有法律条文发生冲突时,需跟相关法律部门和执法部门共同实现创新,从而使得政府政策创新面临更大的既有法律法规体系的"阻力"。

地理邻近一直是经常被提及的创新扩散机制,创新扩散的经典观点假设地理邻近有利于政策学习,竞争是邻近地区相互学习的动力(Zhu 和 Zhang 2016)。当邻近省份没有出现政策创新时,地方政府通常缺乏学习的机会和动机。但是,当邻近省份没有进行政策创新时,也是本地省份展现政策下政策创新成果的机会,更能获得上级政府的认可和支持。尽管经济不发达会阻碍地方进行创新的经济基础,但是我国特色的、跨地区的对口支援政策为地方政府创新提供了机会。我国在 20 世纪 70 年代就开始在少数民族区域和边疆区域实施对口支援政策,这项政策通过项目援建和人才输送对口支援新疆和其他地区,这也使治理新理念和治理经验向偏远地区扩散。因此,经验显示,政府之间的沟通有助于受援助地区进行政策创新。对口援助对我国偏远地区地方政府政策创新的完成和快速落实具有重要的影响。

8.4.3 内在因素在政策创新中的作用

在必要性检验中,我们发现 LPFV(政府财政能力)、GDP(人均地区生产总值)、FISC(地区食品工业体量)这三个前因变量的一致性和覆盖率最高。因此,本章发现内部因素与外部因素相比,内部因素更容易导致政策创新。这个结果也可以从中国政治体制进行解释。

过去几十年间,我国中央政府和省级政府之间逐渐形成了稳定高效的行政权力配置格局(Lin 和 Liu 2000),中央为省级政府提供了在一定基本框架下的政策自主权。省级政府因地制宜地根据当地的实际情况制定适合当地情景的政策方案。多年以来,这种中央政府适度放权、省级政府实施制度探索的制度安排取得了巨大成功,各省通过一些具有针对性、落地性的地方性政策措施实现了地方经济的快速发展和社会事业的稳步推进。因此,为了实现各项事业的发展,各省始终保持改革创新的内驱动力。

当然,研究发现 IA(独立机构设置)对政策创新都有显著的正向影响。具有组织内部复杂结构的组织难以协调利益相关者,从而带来政策创新的难度。独立的机构通常被赋予了独立行使责任的权利。我国特色的科层制治理结构下,部门"三定"方案(主要职责、内设机构和人员编制)决定了这个独立的机构具有充分的行政资源。当地方政府成立具有独立权利的机构时,往往能够突破组织复杂性的约束,从而带来专业的、快速的创新。在本章中,具有独立食品安全管理处室这一内设机构的省级卫生行政部门更快地完成了食品安全企业标准备案政策的扩散,这可以解释为独立内设机构由于其工作职责相对规定,更为关注新政策的变化,能够匹配更多的行政资源去完成相应的政策吸收转化工作。

8.5　本章小节

近几十年来,许多国家都开始尝试将权力下放给地方政府,因此各种经济和行政权力不断赋予地方政府,许多地方政府可以自行酌情采取新的政策实践(Treisman 2006)。因此,地方政府的政策创新也逐渐成了一个热门研究话题。但是,关于政策创新扩散的经典理论研究通常基于西方国家的实践。只要政府在某些政策领域有足够的自由裁量权,不论哪个国家的政府都有进行政策创新的机会和动机。因此,我国地方政府政策创新的路径是一个有意义的研究话题,探究更多在各个不同国家政策创新的路径也是理论创新的突破点。

与此同时,我国地方政府的创新不是新鲜的事物,它多年以来一直是我国地方政府政策实践进程中的常见现象。我们发现,以往的研究通常检验政策扩散的存在性和影响因素,但是很少论证政策创新的实现路径。因此,本章整合了多种横向扩散机制,并对我国省级政府食品安全政策的扩散进行了研究。本章研究的案例是一个研究食品安全制度扩散的案例,研究结果解释了我国地方政府在没有中央政府主导的情况下实现食品安全政策自主创新扩散的内在影响机制。

参 考 文 献

[1] 刘佳佳. 共享农场的建设与发展研究——基于协同治理和政策扩散的视角[J]. 福建农林大学学报(哲学社会科学版)2020,23(1):9-16.

[2] 董欢,郑晓冬,方向明. 社区支持农业的发展:理论基础与国际经验[J]. 中国农村经济 2017,385(1):82-92.

[3] 梁亚荣,钟文颢. 共享农场土地利用法律问题研究[J]. 南京农业大学学报(社会科学版)2019,19(3):117-124.

[4] 张利国,李礼连,李学荣. 农户道德风险行为发生的影响因素分析——基于结构方程模型的实证研究[J]. 江西财经大学学报 2017,114(6):77-86.

[5] 朱立龙,孙淑慧. 消费者反馈机制下食品质量安全监管三方演化博弈及仿真分析[J]. 重庆大学学报(社会科学版)2019,25(3):94-107.

[6] 罗万纯,杜娟娟. 农产品质量安全问题成因:社会心理视角[J]. 农村经济 2015,396(10):30-33.

[7] 刘敏,张社梅,杨锦秀. 社交平台嵌入下农产品质量安全与信任机制构建研究[J]. 农村经济 2021,470(12):136-144.

[8] 郭锦墉,肖剑. 内部治理结构,外部支持与农民合作社农产品质量可追溯参与行为[J]. 农业经济与管理 2022,71(1):93-106.

[9] 张益丰,吕成成,陆泉志. 蔬果合作社农产品品牌化与农户农产品生产质量控制行为—影响机制与效应测度[J]. 中国农业大学学报 2022,27(7):283-298.

[10] 谭雅蓉,王一罡,于金莹. 农产品质量安全保障与供应链治理机制研

究——基于市场参与主体行为的分析[J].价格理论与实践 2020,433
(12)：14-18.

[11] 徐大佑,童甜甜,林燕平.以品牌化建设推进西南山地农业高质量发展——以贵州省为例[J].价格理论与实践 2020,427(1)：131-134.

[12] 姜明辉,赵磊磊.奖惩机制下生产安全监管的三方演化博弈分析[J].工业安全与环保 2023,49(1)：52-58.

[13] 杨松,庄晋财,王爱峰.惩罚机制下农产品质量安全投入演化博弈分析[J].中国管理科学 2019,27(8)：10-21.

[14] 柳国华.食用农产品质量安全风险分析及监管建议[J].食品安全质量检测学报 2022,13(7)：2308-2316.

[15] 程杰贤,郑少锋.政府规制对农户生产行为的影响——基于区域品牌农产品质量安全视角[J].西北农林科技大学学报(社会科学版)2018,18(2)：115-122.

[16] 马晓琴,彭绪庶,贾可.农产品质量安全补贴政策的理论分析[J].技术经济与管理研究 2019,277(8)：117-123.

[17] 李志文,徐贤浩,关旭.农产品市场双寡头区块链采纳决策的演化博弈分析[J].中国管理科学 2023：1-14.

[18] 苏昕,张辉,周升师.农产品质量安全监管中消费者参与意愿和行为研究——基于调查数据的实证分析[J].经济问题 2018,464(4)：62-69.

[19] 王艳萍.农产品供应链中质量安全风险控制机制探析[J].社会科学 2018,454(6)：52-61.

[20] 何仁碧.基层农产品质量安全监管现状及对策分析[J].农业与技术 2014,34(5)：200-201.

[21] 胡小曼.法治乡村背景下农产品质量安全网格化监管探索[J].食品安全质量检测学报 2021,12(7)：2613-2617.

[22] 胡颖廉.剩余监管权的逻辑和困境——基于食品安全监管体制的分析[J].江海学刊 2018(2)：129-137.

[23] 毛佳琦,郑允允,焦文静.基于多维度抽检数据的全国食品安全状况分析及对策探究[J].食品与发酵工业 2022,48(5)：314-320.

［24］张蓓,马如秋,刘凯明. 新中国成立 70 周年食品安全演进,特征与愿景
　　　［J］. 华南农业大学学报 2020,19(1)：88 - 102.

［25］李太平,薄慧敏,聂文静. 中国食品安全监督抽检效率评价研究——基
　　　于政绩考核压力下的抽检批次分配视角［J］. 宏观质量研究 2021,9
　　　(6)：86 - 98.

［26］龚强,雷丽衡,袁燕. 政策性负担、规制俘获与食品安全［J］. 经济研究
　　　2015,50(8)：4 - 15.

［27］倪国华,牛晓燕,刘祺. 对食品安全事件"捂盖子"能保护食品行业
　　　吗——基于 2 896 起食品安全事件的实证分析［J］. 农业技术经济
　　　2019,291(7)：91 - 103.

［28］张红凤,赵胜利. 我国食品安全监管效率评价——基于包含非期望产
　　　出的 SBM-DEA 和 Malmquist 模型［J］. 经济与管理评论 2020,36(1)：
　　　46 - 57.

［29］焦贝贝,郑风田. 我国地方食品安全现状分析及政府监管评估指标构
　　　建［J］. 食品工业 2017,38(2)：279 - 282.

［30］曹裕,李青松,胡韩莉. 供应链产品质量检查策略的比较研究［J］. 系统
　　　工程理论与实践 2019,39(1)：111 - 125.

［31］周世毅. 2018 年全国食品安全监督抽检情况分析及监管建议［J］. 现代
　　　食品 2019,11(10)：123 - 127.

［32］陶庆会,杨雪,宋玉洁. 2017～2019 年全国食品安全抽检情况分析［J］.
　　　食品工业科技 2021,42(7)：231 - 239.

［33］毛佳琦,郑允允,焦文静. 基于多维度抽检数据的全国食品安全状况分
　　　析及对策探究［J］. 食品与发酵工业 2022,48(5)：314 - 320.

［34］刘欢. 2018～2019 年全国食品安全监督抽检情况分析［J］. 食品安全质
　　　量检测学报 2020,11(7)：2347 - 2351.

［35］陈渊,王依婷. 2019 年上海市食用农产品监督抽检情况分析［J］. 粮食
　　　与油脂 2020,33(5)：81 - 84.

［36］杨君,杨幸珺,黄薪颖. 压力型体制中的下级能动——基于"任务—资
　　　源"视角的分析［J］. 经济社会体制比较 2023,226(2)：121 - 129.

［37］董银果,钱薇雯.新发展格局下农产品品牌发展路径研究——基于农产品质量投入的视角[J].中国软科学 2022,380(8)：31-44.

［38］李丹,周宏,周力.品牌溢价与农产品质量安全——来自江苏水稻种植的例证[J].财经研究 2021,47(2)：34-48.

［39］周小梅,范鸿飞.区域声誉可激励农产品质量安全水平提升吗?——基于浙江省丽水区域品牌案例的研究[J].农业经济问题 2017,38(4)：85-92.

［40］王建华,钟丹丽,孙俊.基于优质商家申报制度的互联网食品安全治理研究[J].宏观质量研究 2020,8(2)：19-30.

［41］人民网.2022 移动互联网蓝皮书：农产品网络销售成为农民增收首选.网址：http://finance.people.com.cn/n1/2022/0629/c1004-32460908.html.

［42］财政部.农业农村部发布 2022 年重点强农惠农政策_部门政务_中国政府网.网址：https://www.gov.cn/xinwen/2022-06/10/content_5695131.htm.

［43］新华网.扶持 1 万新农人、带动数万农民就业 拼多多要在农村干啥?网址：http://m.xinhuanet.com/2018-06/05/c_129886738.htm.

［44］黑龙江人民政府.黑龙江省绿色食品产业发展纲要 2013.

［45］湖北省人民政府.湖北省农田建设补助资金管理实施细则 2021.

［46］李芬妮,张俊飚,何可.非正式制度、环境规制对农户绿色生产行为的影响——基于湖北 1 105 份农户调查数据[J].资源科学 2019,41(7)：1227-1239.

［47］李立娟.外卖 APP 商家资质乱象难平[J].法人 2016,(1)：34-35.

［48］林强,秦智聘,傅志妍.不同利他行为下考虑政府补贴的可追溯食品供应链决策研究[J].物流科技 2021,44(6)：123-128.

［49］刘静娴,沈文星.农村电子商务演化历程及路径研究[J].商业经济研究 2019,782(19)：123-126.

［50］上海市人民政府.上海市农业绿色生产补贴管理细则.2021.

［51］吴林海,陈宇环,尹世久.中国食品安全战略：科学内涵、战略目标与实

施路径[J].江西社会科学 2022,42(2)：112－123＋207.

[52] 文晓巍,杨朝慧,陈一康,温思美.改革开放四十周年：我国食品安全问题关注重点变迁及内在逻辑[J].农业经济问题 2018(10)：14－23.

[53] 聂文静.中国食品安全风险的空间扩散与驱动机制研究——基于监管力度视角[J].现代经济探讨 2022,(4)：21－29.

[54] 周卉.我国体育经纪人等级培训效果影响因素研究[D].上海体育学院 2019.

[55] 朱亚琼.建筑业农民工安全生产教育现状分析评价[J]建筑安全 2015,30(12)：28－31.

[56] 赵慧军,吕静.个体—组织培训动机匹配对培训迁移影响的路径与边界[J].东岳论丛 2020,41(1)：134－143＋192.

[57] 李有为.企业人力资源培训效果影响因素研究[D].北京交通大学 2021.

[58] 陈娟,刘永胜.食品企业普通员工食品安全风险行为意向影响因素研究[J].东岳论丛 2021,42(6)：60－72.

[59] 张颖,段锦云,王甫希,等."近朱者赤"：同事主动行为如何激发员工动机和绩效[J].心理学报 2022,54(5)：516－528.

[60] 肖凤翔,张双志.企业员工技能培训的影响因素研究——基于第十一次民营企业调查数据的分析[J].职业技术教育 2019,40(4)：51－56.

[61] 武琳瑶.影响企业人力资源培训效果的组织因素探析[J].现代商贸工业 2022,43(4)：60－61.

[62] 王阿妮,徐彪,顾海.食品安全治理多主体共治的机制分析[J].南京社会科学 2020,(3)：64－70.

[63] 朱宇.食品安全教育机制的构建路径[J].食品与机械 2016,32(7)：230－233.

[64] 张世伟,张君凯.技能培训、工作转换与就业质量[J].劳动经济研究 2022,10(1)：3－29.

[65] 郝英奇,曾靖岚,留惠芳.学习型组织是怎么炼成的——基于加特可(广州)的扎根研究[J].当代经济管理 2021,43(6)：58－63.

[66] 贾明宇. TF 公司培训效果影响因素的研究与应用[D]. 电子科技大学 2018.

[67] 李朋波. 饭店行业培训需求与课程体系设计研究——以北京市社会旅馆从业人员素质提升工程为例[J]. 中国人力资源开发 2016,(20)：43-50.

[68] 刘建荣. 个人及组织因素对企业培训效果影响的理论与实证研究[D]. 华东师范大学 2005.

[69] 刘胜林,王雨林,李冬梅. 民族山区新型职业农民培训评价的影响因素研究——基于 Y 县 327 份问卷的 Logistic-ISM 模型分析[J]. 农村经济 2020(10)：138-144.

[70] 徐璞,李玉峰.《上海市食品安全条例》企业认知与监管对策[J]. 食品工业 2020,41(8)：248-252.

[71] 杨娜莉,徐玮,顾洪盼. 试论食品从业人员食品安全知识培训地方标准的编制[J]. 食品工业 2022,43(2)：343-346.

[72] 杨希. 提升职工培训的针对性与有效性[J]. 人力资源 2021,(16)：54-55.

[73] 杨月坤,查椰. 乡村振兴背景下农业科技人才参与培训行为影响因素研究——以河南省为例[J]. 农业现代化研究 2021,42(4)：629-639.

[74] 周佺,蒋爱民,吴炜亮. 小微型食品企业的食品安全培训存在的问题及新举措[J]. 现代食品 2020,(4)：30-31+33.

[75] 周杉,代良志,雷迪. 我国新型职业农民培训效果、问题及影响因素分析——基于西部四个试点县(市)的调查[J]. 农村经济 2017,(4)：115-121.

[76] 朱丽丽,尹文强,唐梦琦,等. 基于结构方程的乡村医生在岗培训行为意向模型研究[J]. 中国卫生统计 2016,33(4)：628-630.

[77] 上海统计局. 上海统计年鉴[M]. 2020.

[78] 王瑞琪,王婷婷,李阳. 外卖食品安全监管的混合策略模型[J]. 太原师范学院学报(自然科学版)2020,19(3)：35-39+48.

[79] 上海市市场监管局. 上海市食品安全状况报告[R]. 2022.

[80] 蓝志勇,宋学增,吴蒙. 我国食品安全问题的市场根源探析——基于转型期社会生产活动性质转变的视角[J]. 行政论坛 2013,20(1)：79 - 84.

[81] 王小兵,刘程. 基于食品安全供应链视角的各主体行为博弈分析[J]. 税务与经济 2015,(6)：40 - 44.

[82] 谢康,赖金天,肖静华,乌家培. 食品安全、监管有界性与制度安排[J]. 经济研究 2016,51(4)：174 - 186.

[83] 王永钦,刘思远,杜巨澜. 信任品市场的竞争效应与传染效应：理论和基于中国食品行业的事件研究[J]. 经济研究 2014,49(2)：141 - 154.

[84] 王常伟,顾海英. 基于委托代理理论的食品安全激励机制分析[J]. 软科学 2013,27(8)：65 - 68.

[85] 刘任重. 食品安全规制的重复博弈分析[J]. 中国软科学 2011,(9)：167 - 171.

[86] 张国兴,高晚霞,管欣. 基于第三方监管的食品安全监管演化博弈模型[J]. 系统工程学报 2015,30(2)：153 - 164.

[87] 王志刚. 食品安全的认知和消费认定：关于天津市个体消费者的实证分析[J]. 中国农村经济 2013,(4)：41 - 48.

[88] 王常伟,顾海英. 食品安全规制水平的选择与优化——基于社会福利函数的分析[J]. 公共管理与经济 2013,34(3)：54 - 60.

[89] 道格拉斯·C·诺斯：《经济史中的结构与变迁》[M]. 陈郁、罗华平译. 上海：上海三联书店,上海人民出版社,1994.

[90] 曹红钢. 政府行为目标与体制转型[M]. 北京：社会科学文献出版社 2007.

[91] 陶红茹,孙韶云. 地方政府与企业对食品安全问题的博弈模型[J]. 决策参考 2014,(23)：44 - 47.

[92] 王志刚,翁燕珍,杨志刚,郑风田. 食品加工企业采纳 HACCP 体系认证的有效性：来自全国 482 家食品企业的调研[J]. 中国软科学 2006,(9)：69 - 75.

[93] 李玉峰,刘敏,平瑛. 食品安全事件后消费者购买意向波动研究：基于

恐惧管理双重防御的视角[J].管理评论 2015,27(6):186-196.

[94] 周开国,杨海生,伍颖华.食品安全监督机制研究——媒体、资本市场与政府协同治理[J].经济研究 2016,(9):58-72.

[95] 王艳林.我国《食品安全法》中的消费者保护[J].东方法学 2009,(2):131-136.

[96] 刘媛媛,曾寅初.风险沟通、政府信息信任与消费者购买恢复——基于三聚氰胺事件消费者调查[J].北京社会科学 2014,(3):52-62.

[97] 朱光喜,王赵铭,万细梅,郑瑜怡.危机事件中的政府形象和政府危机[J].公共管理学报 2006,3(2):40-48.

[98] 张国兴,高晚霞,管欣.基于第三方监管的食品安全监管演化博弈模型[J].系统工程学报 2015,30(2):153-164.

[99] 卓越.行政成本的制度分析[J].中国行政管理 2001,(3):50-54.

[100] 谢康,肖静华,杨楠堃,刘亚平:社会震慑信号与价值重构——食品安全社会共治的制度分析[J].经济学动态 2015,(10):4-16.

[101] 莫家颖,余建宇,孙泽生.媒体曝光、集体声誉与农产品质量认证[J].农村经济 2020,454(8):136-144.

[102] 齐萌.从威权管制到合作治理:我国食品安全监管模式之转型[J].河北法学 2013,31(3):50-56.

[103] 郑建君.政治信任、社会公正与政治参与的关系——一项基于 625 名中国被试的实证分析[J].政治学研究 2013,113(6):61-74.

[104] 段林萍.政治信任视角下的和谐警民关系及其构建[J].中国人民公安大学学报(社会科学版)2017,33(4):141-147.

[105] 徐载娟.水平信任与顾客消费决策的互动关系:以感知价值为中介[J].商业经济研究 2020,805(18):74-77.

[106] 宋慧宇.论协作共治视角下食品安全政府治理机制的完善[J].当代法学 2015,29(6):34-41.

[107] 金依婷,王翠,胡佳颖等.基于农产品信任机制的电商销售平台研究与设计[J].电子商务 2018,224(8):70-71.

[108] 刘敏,张社梅,杨锦秀.社交平台嵌入下农产品质量安全与信任机制

构建研究[J].农村经济 2021,470(12)：136-144.

[109] 王家宝,满赛赛,敦帅.分享经济中的信任转移与用户持续使用意愿——跨边网络效应的调节作用[J].商业研究 2022,535(5)：94-102.

[110] 聂雪琼,李英华,李莉,等.2012—2017 年中国居民健康信息素养水平及其影响因素[J].中国健康教育 2020,36(10)：875-879+895.

[111] 付少雄,胡媛.大学生健康信息行为对实际健康水平的影响研究——基于健康素养与健康信息搜寻视角[J].现代情报 2018,38(2)：84-90+105.

[112] 张武科,金佳.健康意识与环保意识对生态食品购买意愿的影响——生态属性认知的中介作用[J].宁波大学学报(理工版)2018,31(1)：105-110.

[113] 袁湘玲.卷入度、感知价值与顾客消费意向：考虑价格框架的调节效应[J].商业经济研究 2022,854(19)：40-44.

[114] 陈丽君,朱蕾蕊.差序政府信任影响因素及其内涵维度——基于构思导向和扎根理论编码的混合研究[J].公共行政评论 2018,11(5)：52-69+187.

[115] 周巍,申永丰.论互联网对公民非制度化参与的影响及对策[J].湖北社会科学 2006,(1)：36-38.

[116] 崔睿,马宇驰.网购平台的信用服务机制对消费者购买意愿的影响研究[J].江苏大学学报(社会科学版)2018,20(3)：74-83.

[117] 王金水.网络舆论与政府决策的内在逻辑[J].中国人民大学学报 2012,26(3)：127-133.

[118] 张志安,曹艳辉.政务微博和政务微信：传承与协同[J].新闻与写作 2014,(12)：57-60.

[119] 刘泾.基于政务微信的政府治理模式创新研究[J].情报科学 2020,(6)：62-66.

[120] 张志安,罗雪圆.政务微信的扩散路径研究——以广东省市级以上政务微信为例[J].新闻与写作 2015,(7)：50-54.

[121] 张辉.地方政府政务微信吸纳的影响因素研究[J].情报杂志 2015，(6)：121－125.

[122] 朱亚鹏.政策创新与政策扩散研究述评[J].武汉大学学报(哲学社会科学版)2010,(4)：565－573.

[123] 吴建南,马亮,杨宇谦.中国地方政府创新的动因、特征与绩效——基于"中国地方政府创新奖"的多案例文本分析[J].管理世界 2007，(8)：43－51＋171－172.

[124] 朱旭峰,张友浪.地方政府创新经验推广的难点何在——公共政策创新扩散理论的研究评述[J].人民论坛·学术前沿 2014,(17)：63－77.

[125] 刘鹏,张伊静.中国式政策示范效果及其影响因素——基于两个示范城市建设案例的比较研究[J].行政论坛 2020,(6)：65－73.

[126] 吴建南,张攀,刘张立."效能建设"十年扩散：面向中国省份的事件史分析[J].中国行政管理 2014,(1)：76－82.

[127] 汤志伟,郭雨晖,顾金周,龚泽鹏.创新扩散视角下政府数据开放平台发展水平研究：基于全国 18 个地方政府的实证分析[J].图书馆理论与实践 2018,(6)：1－7.

[128] 殷存毅,叶志鹏,杨勇.政府创新扩散视角下的电子政务回应性实证研究——基于全国 923 家县级政府门户网站的在线测评数据[J].上海行政学院学报 2016,(4)：35－45.

[129] 王法硕,王翔.我国政府数据开放利用的影响因素与实现路径——一项基于扎根理论的质性研究[J].情报杂志 2016,(7)：151－157.

[130] 樊博,陈璐.政府部门的大数据能力研究——基于组织层面的视角[J].公共行政评论 2017,(1)：91－114＋207－208.

[131] 原光,潘杰.创新扩散视角下政务微信总量发展的影响因素分析——基于中国地级市的实证研究[J].湖北社会科学 2017,(8)：47－53.

[132] 孙志建.事中事后监管工具结构创新：五年实践的回顾与展望[J].广西师范大学学报(哲学社会科学版)2020,(1)：42－54.

[133] 马亮.政务微博的扩散：中国地级市的实证研究[J].复旦公共行政评

论 2013,(2)：169－191.

[134] 陈强,张韦.中国政务微信管理的制度化探索：内容与影响因素[J].
中国行政管理 2019,(10)：62－68.

[135] 韩志明,雷叶飞.技术治理的"变"与"常"——以南京市栖霞区"掌上
云社区"为例[J].广西师范大学学报(哲学社会科学版)2020,(2)：
23－33.

[136] 朱亚鹏.政策创新与政策创新研究述评[J].武汉大学学报(哲学社会
科学版)2010,63(4)：565－573.

[137] 杨建国,周君颖.公共政策的时空演进特征及其扩散机理研究——基
于 31 省级、38 地级城市生活垃圾分类政策的分析[J].地方治理研究
2021(2)：16－29＋78－79.

[138] 朱旭峰,赵慧.政府间关系视角下的社会政策创新——以城市低保制
度为例(1993—1999)[J].中国社会科学 2016(8)：95－116＋206.

[139] 熊烨.政策创新转移中的条块互动与政策建构——基于江苏省河长
制转移的过程追踪,中国人口·资源与环境 2022,32(8)：89－98.

[140] 习近平：中共中央关于制定国民经济和社会发展第十四个五年规划
和二〇三五年远景目标的建议[N].人民日报,2020－11－4.

[141] 吴林海,吕煜昕,山丽杰,等.基于现实情境的村民委员会参与农村食
品安全风险治理的行为研究[J].中国人口·资源与环境 2016,26
(9)：82－91.

[142] 廖锋江,周建国.国家政策执行治理机制的选择逻辑——以食品安全
治理机制为例[J].求实 2020,(6)：16－29.

[143] 刘鹏.从独立集权走向综合分权：中国政府监管体系建设转向的过程
与成因[J].中国行政管理 2020,(10)：28－34.

[144] 吴元元.信息基础,声誉机制与执法优化[J].中国社会科学 2012,
(6)：116－133.

[145] 王冀宁,张宇昊,王雨桐,等.经济利益驱动下食品企业安全风险演化
动态研究[J].中国管理科学 2019,27(12)：113－126.

[146] 谢康,刘意,肖静华,等.政府支持型自组织构建——基于深圳食品安

全社会共治的案例研究[J].管理世界 2017,(8):64-80.

[147] 王可山.食品安全管理研究:现状述评,关键问题与逻辑框架[J].管理世界 2012(10):176-177.

[148] 刘亚平,苏娇妮.中国市场监管改革 70 年的变迁经验与演进逻辑[J].中国行政管理 2019,5:5-21.

[149] 姜涛.社会风险的刑法调控及其模式改造[J].中国社会科学 2019,7:101-143.

[150] 谢康,肖静华,赖金天,等.食品安全"监管困局",信号扭曲与制度安排[J].管理科学学报 2017,20(2):1-17.

[151] 徐国冲,霍龙霞.食品安全合作监管的生成逻辑——基于 2000—2017 年政策文本的实证分析[J].公共管理学报 2020,17(1):18-30.

[152] Kaika A, Racelis A. Civic agriculture in review: Then, now, and future directions[J]. Journal of Agriculture, Food Systems, and Community Development 2021, 10(2): 551-572.

[153] Akerlof GA. The market for "lemons": Quality uncertainty and the market mechanism[J]. The quarterly journal of economics 1970, 84(3): 488-500.

[154] Nelson P. Information and Consumer Behavior[J]. Journal of Political Economy 1970, 78(2): 311-329.

[155] Ham S, Lee S, Yoon H. Linking creating shared value to customer behaviors in the food service context[J]. Journal of Hospitality and Tourism Management 2020, 43(3): 199-208.

[156] Yang L, Zhang J, Shi X. Can blockchain help food supply chains with platform operations during the COVID-19 outbreak? [J]. Electronic Commerce Research and Applications 2021, 49: 101093.

[157] Bumblauskas D, Mann A, Dugan B, et al. A blockchain use case in food distribution: Do you know where your food has been? [J]. International Journal of Information Management 2020, 52: 102008.

[158] Bian Y, Yan S, Yi Z. Quality Certification in Agricultural Supply

Chains: Implications from Government Information Provision[J]. Production and Operations Management 2022, 31(4): 1456 – 1472.

[159] Jin CY, Levi R, Liang Q. Food safety inspection and the adoption of traceability in aquatic wholesale markets: A game-theoretic model and empirical evidence[J]. Journal of Integrative Agriculture 2021, 20(10): 2807 – 2819.

[160] Zhang X, Zhang J, Chen T. An ANP-fuzzy evaluation model of food quality safety supervision based on China's data[J]. Food Science & Nutrition 2020, 8(7): 3157 – 3163.

[161] Zhou J, Jin Y, Liang Q. Effects of regulatory policy mixes on traceability adoption in wholesale markets: Food safety inspection and information disclosure[J]. Food Policy 2022, 107: 102218.

[162] Li D, Zang M, Li X, et al. A study on the food fraud of national food safety and sample inspection of China[J]. Food Control 2020, 116(1): 107306.

[163] Halat K, Hafezalkotob A. Modeling carbon regulation policies in inventory decisions of a multistage green supply chain: A game theory approach[J]. Computers & Industrial Engineering 2019, 128 (6): 807 – 830.

[164] Cámara N, Llop M. Defining Sustainability in an Input-Output Model: An Application to Spanish Water Use[J]. Water 2020, 13 (1): 1.

[165] Bos I, Vermeulen D. On the Microfoundation of Linear Oligopoly Demand[J]. The B. E. Journal of Theoretical Economics 2020, 22 (1): 1 – 15.

[166] Giuranno M G, Scrimitore M, Stamatopoulos G. Vertical integration under optimal taxation: A consumer surplus detrimental result[J]. Economics Letters 2023, 222(3): 110919.

[167] Chemama J, Cohen MC, Lobel R. Consumer subsidies with a

strategic supplier: Commitment vs. flexibility[J]. Management Science 2019, 65(2): 681 – 713.

[168] Zhang T, Choi TM. Optimal consumer sales tax policies for online – offline retail operations with consumer returns[J]. Naval Research Logistics 2021, 68(6): 701 – 720.

[169] Fu X, Liu S, Shen W. Managing strategies of product quality and price based on trust under different power structures[J]. RAIRO-Operations Research 2021, 55(2): 701 – 725.

[170] Domínguez J, Roseiro P. Blockchain: a brief review of Agri-Food Supply Chain Solutions and Opportunities [J]. Advances in Distributed Computing and Artificial Intelligence Journal 2020, 9 (4): 95 – 106.

[171] Alizamir S, Iravani F, Mamani H. An analysis of price vs. revenue protection: Government subsidies in the agriculture industry[J]. Management Science 2019, 65(1): 32 – 49.

[172] Auler DP, Teixeira R, Nardi V. Food safety as a field in supply chain management studies: A systematic literature review [J]. International Food and Agribusiness Management Review 2017, 20 (1): 99 – 112.

[173] Berrada H, Fernández M, Ruiz M J, et al. Surveillance of pesticide residues in fruits from Valencia during twenty months (2004/05) [J]. Food Control 2010, 21(1): 36 – 44.

[174] Chen K, Wang Z. Evaluation of Financial Subsidy for Agriculture Based on Combined Algorithm[J]. Computational Intelligence and Neuroscience 2022, 2: 45 – 65.

[175] Chen Y, Wen X, Wang B, et al. Agricultural pollution and regulation: How to subsidize agriculture? [J]. Journal of cleaner production 2017, 164: 258 – 264.

[176] Connolly A, Luo L S, Connolly K P. Global insights into essential

elements food safety: The Chinese example[J]. Journal of Food Products Marketing 2016, 22(5): 584 – 595.

[177] Dai R, Zhang J, Tang W. Cartelization or Cost-sharing? Comparison of cooperation modes in a green supply chain[J]. Journal of Cleaner Production 2017, 156: 159 – 173.

[178] Dinham B. Growing vegetables in developing countries for local urban populations and export markets: problems confronting small-scale producers [J]. Pest management science 2003, 59 (5): 575 – 582.

[179] Du Y, Sun B, Fang B. The review and reflection of Chinese new agricultural subsidy system[J]. J. Pol. & L. 2011, 4: 132.

[180] Joint FAO. Food and Agriculture Organization of the United Nations[J]. Caramel Colours. Combined Compendium of Food Additive Specification, Monograph 2011, 11: 1817 – 7077.

[181] Gorji MA, Jamali M B, Iranpoor M. A game-theoretic approach for decision analysis in end-of-life vehicle reverse supply chain regarding government subsidy[J]. Waste Management 2021, 120: 734 – 747.

[182] Akkaya D, Bimpikis K, Lee H. Government interventions to promote agricultural innovation [J]. Manufacturing & Service Operations Management 2021, 23(2): 437 – 452.

[183] Grzelak A, Guth M, Matuszczak A. Approaching the environmental sustainable value in agriculture: How factor endowments foster the eco-efficiency[J]. Journal of Cleaner Production 2019, 241: 118304.

[184] Guo D, He Y, Wu Y. Analysis of supply chain under different subsidy policies of the government [J]. Sustainability 2016, 8 (12): 1290.

[185] He K, Zhang J, Feng J. The impact of social capital on farmers' willingness to reuse agricultural waste for sustainable development [J]. Sustainable Development 2016, 24(2): 101 – 108.

[186] He K, Zhang J, Zeng Y. Households' willingness to accept compensation for agricultural waste recycling: taking biogas production from livestock manure waste in Hubei, PR China as an example[J]. Journal of Cleaner Production 2016, 131: 410 – 420.

[187] Lin J Y, Cai F, Li Z. The China Miracle: Development Strategy and Economic Reform [M]. The Chinese University of Hong Kong Press, 2003.

[188] Meng Q, Li M, Li Z. How different government subsidy objects impact on green supply chain decision considering consumer group complexity[J]. Mathematical Problems in Engineering 2020 2020: 1 – 12.

[189] Kussaga JB, Jacxsens L, Tiisekwa BPM. Food safety management systems performance in African food processing companies: A review of deficiencies and possible improvement strategies [J]. Journal of the Science of Food and Agriculture 2014, 94(11): 2154 – 2169.

[190] Esbjerg L, Bruun P. Legislation, standardization, bottlenecks and market trends in relation to safe and high quality food systems and networks in denmark. 2003, working paper.

[191] Li M, Wang J, Zhao P. Factors affecting the willingness of agricultural green production from the perspective of farmers' perceptions [J]. Science of the Total Environment 2020, 738: 140289.

[192] Li T, Sethi SP. A review of dynamic Stackelberg game models[J]. Discrete & Continuous Dynamical Systems-B 2017, 22(1): 125.

[193] Liu X, Walsh J. Study on development strategies of fresh agricultural products e-commerce in China [J]. International Business Research 2019, 12(8): 61 – 70.

[194] Liu Y, Quan B, Xu Q, et al. Corporate social responsibility and

decision analysis in a supply chain through government subsidy[J]. Journal of Cleaner Production 2019, 208: 436 – 447.

[195] Huang J, Leng M, Liang L. Promoting electric automobiles: Supply chain analysis under a government's subsidy incentive scheme [J]. IIE transactions 2013, 45(8): 826 – 844.

[196] Yadav P, Davies PJ, Abdullah S. Reforming capital subsidy scheme to finance energy transition for the below poverty line communities in rural India[J]. Energy for Sustainable Development 2018, 45: 11 – 27.

[197] Deyu Z, Haiying G. Regional Differences in Direct Subsidization to Grain Producers in China and the Reasons [J]. Chinese Rural Economy 2004: 58 – 64.

[198] Schmedtmann J, Campagnolo M L. Reliable crop identification with satellite imagery in the context of common agriculture policy subsidy control[J]. Remote Sensing 2015, 7(7): 9325 – 9346.

[199] Garnett T, Appleby MC, Balmford A. Sustainable intensification in agriculture: premises and policies[J]. Science 2013, 341(6141): 33 – 34.

[200] Sloane A, O'reilly S. The emergence of supply network ecosystems: a social network analysis perspective[J]. Production Planning & Control 2013, 24(7): 621 – 639.

[201] Sheingate AD. The rise of the agricultural welfare state: institutions and interest group power in the United States, France, and Japan [M]. Princeton University Press 2000.

[202] Trienekens J, Zuurbier P. Quality and safety standards in the food industry, developments and challenges[J]. International journal of production economics 2008, 113(1): 107 – 122.

[203] Waichman AV, Eve E, da Silva Nina N C. Do farmers understand the information displayed on pesticide product labels? A key question

to reduce pesticides exposure and risk of poisoning in the Brazilian Amazon[J]. Crop Protection 2007, 26(4): 576 – 583.

[204] van der Vorst J G A J. Effective food supply chains: generating, modelling and evaluating supply chain scenarios[M]. Wageningen University and Research, 2000.

[205] Wilson GK. Special interests, interest groups and misguided interventionism: Explaining agricultural subsidies in the USA[J]. Politics, 1976, 11(2): 129 – 139.

[206] World Bank Open Data. https://data. worldbank. org.

[207] Wang Z, Liu P. Application of Blockchain Technology to Agricultural Products E-commerce Traceability System[C]. 1 CAIS 2019.

[208] Yu Y, He Y, Salling M. Pricing and safety investment decisions in food supply chains with government subsidy[J]. Journal of Food Quality 2021 2021: 1 – 18.

[209] Zhang L, Li X, Yu J. Toward cleaner production: what drives farmers to adopt eco-friendly agricultural production? [J]. Journal of cleaner production 2018, 184: 550 – 558.

[210] Zhong Y, Lai IKW, Guo F, et al. Research on government subsidy strategies for the development of agricultural products E-commerce [J]. Agriculture 2021, 11(11): 1152.

[211] Kerins J, Smith S E, Stirling S A, Wakeling J, Tallentire V R. Transfer of training from an internal medicine boot camp to the workplace: enhancing and hindering factors [J]. BMC medical education 2021, 21(1): 485.

[212] Lim DH. Training design factors influencing transfer of training to the workplace within an international context [J]. Journal of Vocational Education & Training 2000, 52(2): 243 – 258.

[213] Noe RA. Trainees' attributes and attitudes: Neglected influences on

training effectiveness[J]. The Academy of Management Review, 1986, 11(4): 736 – 749.

[214] Han G, Zhai Y. Perceptions of food safety, access to information, and political trust in China[J]. Chinese Journal of Communication 2022, 15(4): 534 – 557.

[215] Marklinder I, Ahlgren R, Blücher A, et al. Food safety knowledge, sources thereof and self-reported behaviour among university students in Sweden[J]. Food Control 2020, 113: 107130.

[216] Fielding KS, McDonald R, Louis WR. Theory of planned behaviour, identity and intentions to engage in environmental activism[J]. Journal of environmental psychology 2008, 28(4): 318 – 326.

[217] Aronson E. The theory of cognitive dissonance: A current perspective[J] Advances in experimental social psychology 1969, 4: 1 – 34.

[218] Previtali P, Cerchiello P. Organizational Determinants of Whistleblowing. A Study of Italian Municipalities [J]. Public Organization Review 2022, 22(4): 903 – 918.

[219] Cho YJ, Song HJ. Determinants of whistleblowing within government agencies[J]. Public Personnel Management 2015, 44(4): 450 – 472.

[220] Antinyan A, Corazzini L, Pavesi F. Does trust in the government matter for whistleblowing on tax evaders? Survey and experimental evidence[J]. Journal of economic behavior & organization 2020, 171: 77 – 95.

[221] Gundlach MJ, Douglas SC, Martinko MJ. The decision to blow the whistle: A social information processing framework[J]. Academy of management Review 2003, 28(1): 107 – 123.

[222] Smith R. The role of whistle-blowing in governing well: Evidence

from the Australian public sector[J]. The American Review of Public Administration 2010, 40(6): 704 - 721.

[223] Khongchareon N, Kanjanawanishkul K, Wiset L. Development of a Wireless Sensor Network for Monitoring Husking and Whitening Process in Rice Mills[J]. Engineering Access 2020, 6(2): 95 - 102.

[224] Wu PJ, Chien CL. AI-based quality risk management in omnichannel operations: O2O food dissimilarity[J]. Computers & Industrial Engineering 2021, 160: 107556.

[225] David L. Ortega, Wang H. Holly, Wu Laping. Modeling heterogeneity in consumer preferences for select food safety attributes in China[J]. Food Policy 2011, 36(2): 318 - 324.

[226] Antle JM. Economic analysis of food safety [J]. Handbook of agricultural economics 2001, 1(10): 83 - 136.

[227] Sébastien P, Daniel A. Sumner. Traceability, liability and incentives for food safety and quality [J]. American Journal of Agricultural Economics 2008, 90(1): 15 - 27.

[228] Moises A. Resende-Filho, Terrance M. Hurley. Information asymmetry and traceability incentives for food safety [J]. International Journal of Production Economics 2012, 139 (2): 596 - 603.

[229] Michael O, Danna M. The direct and indirect costs of food-safety regulation [J]. Review of Agricultural Economics 2009, 31(2): 247 - 265.

[230] George A. Akerlof. The market for "lemons": Quality uncertainty and the market mechanism [J]. The Quarterly Journal of Economic 2012, 84(3): 488 - 500.

[231] John M. Antle. Economic analysis of food safety [J]. Handbook of Agricultural Economics 2001: 1083 - 1136.

[232] Kramer CS. "Food safety: Consumer preferences, policy options,

research needs", in K. L. Clancy, ed, Consumer Demands in the Marketplace: Public policies related to food safety, quality and human health, resources for the future, Washington DC, 1990.

[233] Jamali D, Mirshak R. Corporate social responsibility (CSR): Theory and practice in a developing country context [J]. Journal of Business Ethics 2007, 72(3): 243 – 262.

[234] Tonsor GT, Schroeder TC, Pennings JM. Consumer valuations of beef steak food safety enhancement in Canada, Japan, Mexico, and the United States [J]. Canadian Journal of Agricultural Economics. 2009, 57(3): 395 – 416.

[235] Antle JM. No Such Thing as a Free Safe Lunch: The Cost of Food Safety Regulation in the Meat Industry [J]. American Journal of Agricultural Economics 2000, 82(2): 310 – 322.

[236] Nganje W, Mazzocco MA. Economic efficiency analysis of HACCP in the U. S. red meat industry [M]. Economic of HACCP: Cost and Benefits. Minnesota: Eagan Press 2000.

[237] Ollinger M, Mueller V. Managing for safer food: The economics of sanitation and press controls in meat and poultry plants. Agricultural Economics Report 2003: 817.

[238] Hornibrook SA, McCarthy M, Fearne A. Consumers' perception of risk: the case of beef purchases in Irish supermarket [J]. International Journal of Retail & Distribution Management 2005, 33 (10): 701 – 715.

[239] Buzby JC. Effects of food safety perceptions on food demand and global trade. Changing Structure of Global Food Consumption and Trade. Washington, DC: U. S. Department of Agriculture (USDA), Economic Research Service 2001: 55 – 56.

[240] Verbeke W. Beliefs, attitude and behavior towards fresh meat revisited after the Belgian dioxin crisis [J]. Food Quality and

Preference 2001, 12(8): 489 - 498.

[241] Leifer R, Mills PK. An information processing approach for deciding upon control strategies and reducing control loss in emerging organizations[J]. Journal of Management 1996, 22(1): 113 - 137.

[242] Shaw RB. Trust in the Balance: Building Successful Organizations on Results, Integrity, and Concern[M]. Jossey-Bass, 1998.

[243] Weinberg J. Can political trust help to explain elite policy support and public behaviour in times of crisis? Evidence from the United Kingdom at the height of the 2020 coronavirus pandemic [J]. Political Studies 2022, 70(3): 655 - 679.

[244] Macdonald D. Political Trust and American Public Support for Free Trade[J]. Political Behavior 2023, 45: 1 - 19.

[245] Wei J, Salvendy G. The cognitive task analysis methods for job and task design: review and reappraisal[J]. Behaviour & Information Technology 2004, 23(4): 273 - 299.

[246] Altman K, Yelton B, Porter DE, et al. The Role of Understanding, Trust, and Access in Public Engagement with Environmental Activities and Decision Making: A Qualitative Study with Water Quality Practitioners [J]. Environmental Management 2023, 71: 1 - 14.

[247] Sandhaus S, Kaufmann D, Ramirez-Andreotta M. Public participation, trust and data sharing: gardens as hubs for citizen science and environmental health literacy efforts[J]. International Journal of Science Education, Part B 2018, 9(1): 54 - 71.

[248] Montagni I, Ouazzani-Touhami K, Mebarki A. Acceptance of a Covid - 19 vaccine is associated with ability to detect fake news and health literacy[J]. Journal of Public Health 2021, 43(4): 695 - 702.

[249] Nelson TE, Oxley ZM, Clawson RA. Toward a psychology of

framing effects[J]. Political behavior 1997, 19: 221 - 246.

[250] Gerend MA, Cullen M. Effects of message framing and temporal context on college student drinking behavior [J]. Journal of Experimental Social Psychology 2008, 44(4): 1167 - 1173.

[251] Arkes HR, Hammond. Judgment and decision making: An interdisciplinary reader[M]. Cambridge University Press 2000.

[252] Trumbo CW. Information processing and risk perception: An adaptation of the heuristic - systematic model [J]. Journal of communication 2002, 52(2): 367 - 382.

[253] Trüdinger EM, Steckermeier LC. Trusting and controlling? Political trust, information and acceptance of surveillance policies: The case of Germany[J]. Government Information Quarterly 2017, 34(3): 421 - 433.

[254] Easton D. A re-assessment of the concept of political support[J]. British journal of political science 1975, 5(4): 435 - 457.

[255] Lally P, Bartle N, Wardle J. Social norms and diet in adolescents [J]. Appetite 2011, 57(3): 623 - 627.

[256] Cranston R. Regulating business: Law and consumer agencies[M]. Springer, 1979.

[257] Savage A, Hyde R. The response to whistleblowing by regulators: a practical perspective[J]. Legal Studies 2015, 35(3): 408 - 429.

[258] Pepetone A, Vanderlee L, White CM. Food insecurity, food skills, health literacy and food preparation activities among young Canadian adults: a cross-sectional analysis[J]. Public Health Nutrition 2021, 24(9): 2377 - 2387.

[259] Walker JL. The Diffusion of Innovations among the American States [J]. The American Political Science Review 1969, 63(3): 880 - 899.

[260] Rogers E M. Diffusion of innovations: An overview[J]. Use and impact of computers in clinical medicine 1981: 113 - 131.

[261] Shipan CR, Volden C. Bottom-up federalism: The diffusion of antismoking policies from US cities to states[J]. American journal of political science 2006, 50(4): 825 - 843.

[262] Berry FS, Berry WD. State Lotty Adoptions as Policy Innovations: An Event History Analysis [J]. The American Political Science Review 1990, 86(2): 395 - 415.

[263] Damanpour F. Organizational Innovation: A Meta-Analysis of Effects of Determinants and Moderators [J]. Academy of Management Journal 1991, 34(3): 555 - 590.

[264] Tolbert CJ, Mossberger K, McNeal R. Institutions, Policy Innovation, and E-Government in the American States[J]. Public Administration Review 2008, 68(3): 549 - 563.

[265] Zuiderwijk A, Janssen M, Dwivedi YK. Acceptance and Use Predictors of Open Data Technologies: Drawing Upon The Unified Theory of Acceptance and use of Technology [J]. Government Information Quarterly 2015, 32(4): 429 - 440.

[266] Berry W. Lowery D. Understanding United States Government Growth: An Empirical Analysis of the Postwar Era[M]. Greenwood Publishing Group, 1987.

[267] Schmitt C. What Drives the Diffusion of Privatization Policy? — Evidence from the Telecommunications Sector[J]. Journal of Public Policy 2011, 31(1): 95 - 117.

[268] Thomas JC, Streib G. The new face of government: Citizen-initiated contacts in the era of E-government [J]. Journal of Public Administration Research and Theory 2003, 13(1): 83 - 102.

[269] Ragin CC. Redesigning Social Inquiry: Fuzzy Sets and Beyond[M]. Chicago: University of Chicago Press 2008.

[270] Fan CS, Lin C, Treisman D. Political decentralization and corruption: Evidence from around the world[J]. Journal of Public

Economics 93 (1): 14 - 34.

[271] Woods ND. Serving two masters? State implementation of federal regulatory policy [J]. Public Administration Quarterly 2008: 571 - 596.

[272] Zhu X, Zhang Y. Political mobility and dynamic diffusion of innovation: The spread of municipal pro-business administrative reform in China[J]. Journal of Public Administration Research and Theory 2016, 26(3): 535 - 551.

[273] Graham E R, Shipan C R, Volden C. The diffusion of policy diffusion research in political science[J]. British journal of political science 2013, 43(3): 673 - 701.

[274] Zhang Y, Zhu X. Multiple mechanisms of policy diffusion in China [J]. Public Management Review 2019, 21(4): 495 - 514.

[275] Qamar F, Pierce AL, Dobler G. Covariance in policy diffusion: Evidence from the adoption of hyperlocal air quality monitoring programs by US cities[J]. Cities 2023, 138: 104363.

[276] Fan Z, Christensen T, Ma L. Policy attention and the adoption of public sector innovation [J]. Public Management Review 2022: 1 - 20.

[277] Zhao Y, Liang Y, Yao C, et al. Key factors and generation mechanisms of open government data performance: A mixed methods study in the case of China[J]. Government Information Quarterly 2022, 39(4): 101717.

[278] Zhang Y, Zhu X. The moderating role of top-down supports in horizontal innovation diffusion[J]. Public Administration Review 2020, 80(2): 209 - 221.

[279] Zhang Y, Zhu X. Multiple mechanisms of policy diffusion in China [J]. Public Management Review 2019, 21(4): 495 - 514.

[280] Hu Z, Xiong J, Yan J, et al. The horizontal and vertical

coordination of policy mixes for industrial upgrading in China: an ambidexterity perspective[J]. Regional Studies 2023: 1 - 18.

[281] Tavares AF, Camões PJ, Martins J. Joining the open government partnership initiative: An empirical analysis of diffusion effects[J]. Government Information Quarterly 2023, 40(2): 101789.

[282] Appleton S, Song L, Xia Q. Has China crossed the river? The evolution of wage structure in urban China during reform and retrenchment[J]. Journal of comparative economics 2005, 33(4): 644 - 663.

[283] Ji Y, Wang H, Liu Y, et al. Young women's fertility intentions and the emerging bilateral family system under China's two-child family planning policy[J]. China Review 2020, 20(2): 113 - 142.

[284] Sun S, Chu X, Liu X. Urban wage inequality: The reform of state-owned enterprises in China's great transition[J]. Economic and Political Studies 2022, 10(4): 442 - 461.

[285] Ahlers AL, Schubert G. Nothing New Under "Top-Level Design"? A Review of the Conceptual Literature on Local Policymaking in China[J]. Issues & Studies 2022, 58(01): 2150017.

[286] Li W, Chen X, Chen Y. The Diffusion of Performance-Based Budgeting Reforms: Cross-Provincial Evidence from China [J]. Public Performance & Management Review 2023: 1 - 33.

[287] Zhu X, Zhang Y. Diffusion of marketization innovation with administrative centralization in a multilevel system: Evidence from China[J]. Journal of Public Administration Research and Theory 2019, 29(1): 133 - 150.

[288] Fisman R, Gatti R. Decentralization and corruption: evidence across countries[J]. Journal of public economics 2002, 83(3): 325 - 345.

[289] Pan T, Fan B. Institutional pressures, policy attention, and e-government service capability: Evidence from China's prefecture-

level cities[J]. Public Performance & Management Review 2023, 46 (2): 445 - 471.

[290] Fan Z, Christensen T, Ma L. Policy attention and the adoption of public sector innovation[J]. Public Management Review 2022: 1 - 20.

[291] Shipan CR, Volden C. Policy diffusion: Seven lessons for scholars and practitioners[J]. Public Administration Review 2012, 72(6): 788 - 796.

[292] Benton JE. Challenges to federalism and intergovernmental relations and take aways amid the COVID - 19 experience[J]. The American Review of Public Administration 2020, 50(6 - 7): 536 - 542.

[293] Mallinson DJ. Policy innovation adoption across the diffusion life course[J]. Policy Studies Journal 2021, 49(2): 335 - 358.

[294] Min S, Kim J, Sawng Y W. The effect of innovation network size and public R&D investment on regional innovation efficiency[J]. Technological Forecasting and Social Change 2020, 155: 119998.

[295] Abbas A, Avdic A, Xiaobao P. University-government collaboration for the generation and commercialization of new knowledge for use in industry[J]. Journal of Innovation & Knowledge 2019, 4(1): 23 - 31.

[296] Schick, A. Budget innovation in the states. The Brookings Institution 1971.

[297] Li W, Chen X, Chen Y. The Diffusion of Performance-Based Budgeting Reforms: Cross-Provincial Evidence from China[J]. Public Performance & Management Review 2023: 1 - 33.

[298] Ateh MY, Berman E, Prasojo E. Intergovernmental strategies advancing performance management use. Public Performance & Management Review 2020, 43(5), 993 - 1024.

[299] Dunlop CA, Ongaro E, Baker K. Researching COVID - 19: A

research agenda for public policy and administration scholars[J]. Public Policy and Administration 2020, 35(4): 365 – 383.

[300] Zhu X, Zhang Y. Diffusion of marketization innovation with administrative centralization in a multilevel system: Evidence from China[J]. Journal of Public Administration Research and Theory 2019, 29(1): 133 – 150.

[301] Zhu X, Zhang Y. Political mobility and dynamic diffusion of innovation: The spread of municipal pro-business administrative reform in China[J]. Journal of Public Administration Research and Theory 2016, 26(3): 535 – 551.

[302] Treisman D. Fiscal decentralization, governance, and economic performance: a reconsideration[J]. Economics & Politics 2006, 18 (2): 219 – 235.

[303] Berry FS. Sizing up state policy innovation research[J]. Policy Studies Journal 1994, 22(3): 442 – 456.

[304] Zhang Y, Zhu X. The moderating role of top-down supports in horizontal innovation diffusion[J]. Public Administration Review 2020, 80(2): 209 – 221.

[305] Martinez MG, Fearne A, Caswell JA. Co-regulation as a possible model for food safety governance: Opportunities for public-private partnerships[J]. Food Policy 2007, 32(3): 299 – 314.

[306] Harris K, Taylor JS, DiPietro RB. Antecedents and outcomes of restaurant employees' food safety intervention behaviors [J]. International journal of hospitality management 2021, 94: 102858.

索　引

后　记

　　公共治理理论是公共选择理论的发展及在批判公共选择学派过程中形成的理论。因此,食品安全风险的治理理论是具有调适性和动态性。尽管学术界对治理的定义仍不统一,但一般分为三类:政府为主的多层治理模式、市场为主的市场治理模式以及两者之间的混合治理模式。由于食品安全问题具有多样性、技术性和社会性,单纯依靠行政部门无法完全应对极其复杂的食品安全风险,因此食品安全治理必将正在走向政府、社会和企业的多元合作治理模式。

　　多元合作治理通过利益和责任的博弈与均衡来实现风险治理从政府管理向多元治理转变。本书旨在探索食品安全风险全流程治理的基本逻辑基础上,强调不同参与主体在食品安全风险治理过程中的作用。本书写作过程中得到了很多同事和同仁的帮助和支持。其中,姜可人、李凯娟、艾热帕提、刘泽宸、汪焕、张子霖等是我曾指导过的同学,我指导他们完成了毕业论文、发表了(及正投稿和正合作完成)一系列研究论文,一些合作成果被纳入到了本书的内容。本书所涉研究内容在开展过程中也从不同方面得到了中国人民大学公共管理学院刘鹏教授、江南大学食品安全风险治理研究院院长兼首席科学家吴林海教授、上海市市场监管局宋文璐女士、上海市卫生健康委田晨曦先生、美团首席食品安全官丁冬先生等专家的指导和帮助,在此表示感谢。

　　此时此刻,我要感谢我所工作的上海交通大学以及国际与公共事务学院,感谢单位领导和同事们的理解、支持和帮助。很多宝贵的帮助,都历历在目、受益终身,特别感恩、感激、感谢! 最后,我也要特别感谢我的太太孟瑶女士对我一如既往的关心照顾和理解包容。

在本书出版之际,我要感谢上海交通大学出版社的工作人员为本书出版提供支持,特别要感谢本书编辑吴芸茜编审为本书出版付出的大量精力和专业支持。